时装设计

手绘完全自学教程

设计手绘教育中心　编著

U0284934

人民邮电出版社

北京

图书在版编目（CIP）数据

时装设计手绘完全自学教程 / 设计手绘教育中心编
著. -- 北京：人民邮电出版社，2018.4
ISBN 978-7-115-47095-9

Ⅰ. ①时… Ⅱ. ①设… Ⅲ. ①服装设计－绘画技法－
教材 Ⅳ. ①TS941.28

中国版本图书馆CIP数据核字(2018)第039901号

内 容 提 要

　　本书是一本帮助时装手绘初学者有效地掌握时装画的表现技法、提高人物造型表现能力的教程。全书采用步骤说明和细节讲解的方式来介绍绘画技法。通过学习本书，读者可以掌握时装手绘的基本技法，并使用手绘进行商业插画等的创作。

　　本书共分为 8 章，从讲解时装画的基础知识和人体结构、动态及局部表现开始，然后深入解析服装款式、面料、局部、配饰等的表现，并对各类服装风格进行了赏析。全书结构清晰，深入浅出，实战性强。随书附赠 26 集教学视频，时长 580 分钟，读者可以通过扫描封底"资源下载"二维码获得下载方法，配合图书进行学习，提高学习效率。

　　本书适合时装手绘初学者、服装设计专业的学生及广大时装手绘爱好者阅读，也可以作为服装院校及相关培训机构的教材。

◆ 编　著　设计手绘教育中心
　　责任编辑　张丹阳
　　责任印制　陈　犇
◆ 人民邮电出版社出版发行　　北京市丰台区成寿寺路 11 号
　　邮编　100164　电子邮件　315@ptpress.com.cn
　　网址　http://www.ptpress.com.cn
　　北京盛通印刷股份有限公司印刷
◆ 开本：787×1092　1/16
　　印张：15.75　　　　　　　　2018 年 4 月第 1 版
　　字数：529 千字　　　　　　2018 年 4 月北京第 1 次印刷

定价：79.00 元

读者服务热线：(010)81055410　印装质量热线：(010)81055316
反盗版热线：(010)81055315
广告经营许可证：京东工商广登字 20170147 号

前言
Foreword

在当今的时装行业，时装手绘效果图是时装设计师展示设计理念的重要方式，也是服装公司宣传和推广时装产品的重要手段之一。熟练地掌握时装效果图的绘制是学习时装设计的必修部分。

时装手绘并不是单纯欣赏性的绘画，它具有一定的专业特点；同时作为一种特有的艺术表现形式，它也具备艺术的规律性。随着人们艺术审美能力的提升与时装行业的发展，时装手绘的形式越来越多样化，并且不断被设计师广泛运用到商业产品中。

编写目的

时装效果图有着强大的设计表现意图，也是商品推广的手段之一。我们力图编写一本全方位详细介绍时装手绘的书。本书以时装手绘为脉络，以详细的案例为阶梯，让读者逐步掌握运用手绘进行时装设计的基本技能和时装手绘的技巧。

内容安排

为了达到更好的学习效果，本书主要通过案例的形式全面介绍了马克笔时装手绘的技法。全书共8章，第1章介绍了时装画分类和手绘工具的基础知识，第2章从人体比例结构和人体动态入手，帮助读者解决时装画手绘中的人体难点问题。第3~6章分别讲解了人体局部、配饰、服装局部、服装面料的表现方法和技巧，第7章则详细讲解了时尚女装和男装完整的时装画表现技法。第8章为时装风格赏析，让读者了解各种时装画的表现形式，也可以作为课后的临摹范本。

写作特色

为了让读者通过学习本书能够更好地表现自己对时装手绘的理解，在编写此书的过程中，作者参阅了诸多相关资料，结合自己的绘画经验和设计心得，力求满足读者的需求。

本书从人体结构入手，以大量的详细案例和文字解析讲述时装手绘知识，具有以下几个特点。

■ 由浅入深，学习无忧

本书在编写时考虑到读者的学习基础不同，因此采用由浅入深的方式进行手绘的讲解。前6章为基础内容，使读者一步一步了解时装手绘画的局部表现方法，从而可以进行更深入的钻研，最后两章为重点和难点内容，对服饰的讲解主要是根据实际的服装潮流款式进行完整的时装手绘技法的表现，以及服装色彩的搭配，需要重点掌握。

■ 内容丰富，指导性强

本书为讲解马克笔手绘表现技法的图书，指导性强。本书从入门的时装画知识、绘画工具等内容开始介绍，直到人体的表现及详细的时装面料、款式的手绘表现，由浅入深、全面讲解时装画的手绘方法。

■ 形式新颖，版式简洁

本书打破了常规同类书籍的形式，更加注重实际案例的讲解，基础知识等部分相对减少，版式简洁，能够更加吸引读者的注意力，也具有自己的风格特点。本书案例的手绘表现细致入微、刻画到位，适合临摹学习和作为工作中的参考。

■ 案例讲解，把握潮流

书中选取的服装款式和实际案例的表现技法都具有代表性，这有助于读者更好地掌握时装的潮流。通过具体的案例讲解能够让读者更加详细地了解时装手绘的具体表现细节。书中的服饰选取当今的潮流款式，让读者在学习绘制时装画的同时也能学习服装的颜色表现。

关于作者

本书由设计手绘教育中心编著，具体参加编写和资料整理工作的有陈志民、姚义琴等。由于作者水平有限，书中的错误、疏漏之处在所难免。在感谢您选择本书的同时，也希望您能把对本书的意见和建议告诉我们。

作者邮箱：lushanbook@qq.com
读者QQ群：327209040

设计手绘教育中心
2017年8月

目录
Contents

第1章

时装画基础

今天，时装画越来越为人们所重视，它的功能不断扩大，形式也不断增多。最初主要是作为服装的设计效果图，后来又在服装广告、宣传和插画等方面大显身手，从一种服装制作图发展为一种艺术形式。服装画比服装本身、比着装模特更能反映服装的风格和特征，因此更加具有生命力。学习时装画，首先要了解什么是时装画，时装画的分类有哪些，了解绘画工具以及掌握绘画手法。

时装画是以绘画为基本手段，通过丰富的艺术处理方法来体现服装设计的造型和整体气氛的一种艺术形式。

时装画按照创作目的的不同分为 4 类，分别为设计草图、服装款式图、服装效果图和时装插画。

1.2.1　设计草图

设计草图：通过简洁明了的勾画，记录设计者的构思。设计草图具有一定的概括性和快速性。

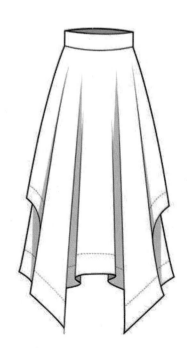

1.2.2　服装款式图

服装款式图是将服装款式结构、工艺特点、装饰配件及制作流程进一步细化形成的平面示意图，必要时可以加上简洁的文字说明及附上面料小样。

1.2.3　服装效果图

服装效果图要求设计师按照设计构思，将服装穿着效果形象、生动、真实地绘制出来。时装效果图的内涵更丰富。

1.2.4　时装插画

时装插画是指那些在报刊、杂志、橱窗等处，为某时装品牌、设计师、时装产品、流行预测等专门绘制的插画。时装插画更加注重艺术性和对主题的渲染作用。

马克笔色泽艳丽、使用便捷，具有独特的表现风格，这些优点使其成为受设计师喜爱的绘画工具。在时装绘画的过程中是主要的绘画工具。其他的工具如水彩、彩铅铅笔、针管笔、毛笔、高光笔等，作为辅助工具来完成时装画的绘制。

1.3.1 马克笔

马克笔属于硬质画材，在表现力和表现形式上没有软质画材丰富多变，但是根据马克笔的水性、油性等特点可以画出风格多变的效果，这些效果使马克笔效果图更加具有耐看性和画面丰富感。

❶ 马克笔的分类

马克笔的墨水属于透明的水色，呈现出半透明的效果。马克笔根据不同材质的墨水不同，分为酒精性马克笔、油性马克笔和水性马克笔3种。

酒精性马克笔

酒精性马克笔挥发性强，能够防水，更加适合初学者使用。

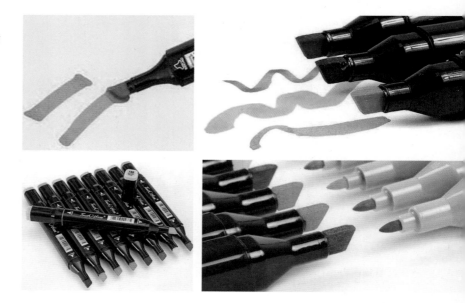

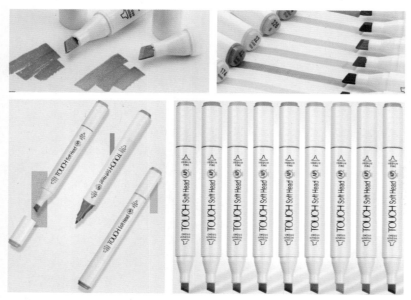

油性马克笔

油性马克笔的色彩饱和度更高，颜色可以在经过多次叠色后依然保持鲜亮的色泽。

水性马克笔

水性马克笔的颜色透明度高，也可以和清水进行水溶，能够绘制出类似水彩的效果。

② **马克笔的笔头结构**

马克笔的笔头变化多样，笔头上的变化也能形成多样的画面效果。

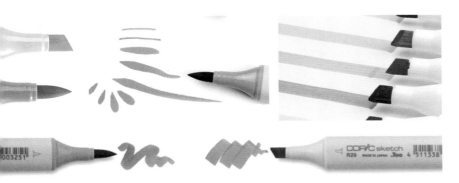

马克笔笔头的材质

马克笔的笔头根据材质的不同，分为软质笔头和硬质笔头。软质笔头适合表现柔和的质感，硬质笔头适合塑造硬朗的质感。

马克笔笔头的形状

大多数的马克笔都是双头笔头，一头为方形笔头，适合大面积的铺色，通过转动笔头，能够画出不同宽窄、粗细的色块和线条；另一头为圆形或者尖形笔头，笔尖均匀，多用来绘制细节部分。

斜头 宽度 6mm
马克笔的款头一般用来大面积润色。

马克笔侧峰可以画出纤细的线条，力度大则线条粗。

圆头 宽度 1mm
马克笔的款头一般用来绘制细节部分。

在本书中，我们用到的是 TOUCH 三代马克笔，属于酒精性马克笔，颜色分为 136 色。

1	2	4	5	6	7	8	10	11	12
13	14	15	17	18	21	22	23	24	25
26	28	29	31	32	33	34	35	36	37
38	41	42	43	45	46	47	48	49	50
52	53	54	55	56	58	59	61	62	64
66	67	68	69	70	71	72	73	75	76
77	81	82	83	85	87	88	91	92	94
95	96	98	99	100	101	103	102	104	107
109	121	122	123	124	131	132	134	135	136
139	140	141	142	143	144	145	163	171	173
183	198	BG1	BG3	BG5	BG7	BG9	GG1	GG5	GG9
CG0.5	CG2	CG4	CG6	CG8	CG9	WG1	WG0.5	WG2	WG3
WG4	WG5	WG6	WG8	WG75	120	0	301	304	306
312	320	321	338	340	342				

1.3.2 其他辅助工具

辅助工具的运用，能够更好地丰富时装画的画面感。

① 纸张

在绘画过程中，因为马克笔墨水的渗透力较强，用普通的绘画纸张容易渗透，因此，多使用马克笔专用纸，或者质地比较紧密、厚实的纸张。

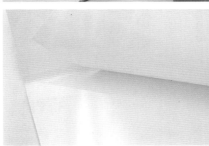

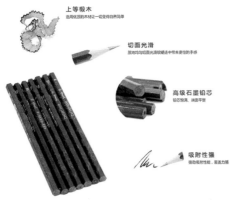

② 铅笔

铅笔多用于绘画的起稿阶段，铅笔笔芯的软硬程度分别用 H 和 B 来表示，H 前面的数字越大，笔芯就越硬，画出来的颜色就越浅；B 前面的数字越大，笔芯就越软，画出来的颜色就越深。

③ 橡皮

绘画的橡皮主要用于擦除铅笔的线条，质地较软的绘画橡皮即可。

❹ 水彩

　　水彩的透明度高，调色方便，通过用水调和能够产生丰富的画面效果。

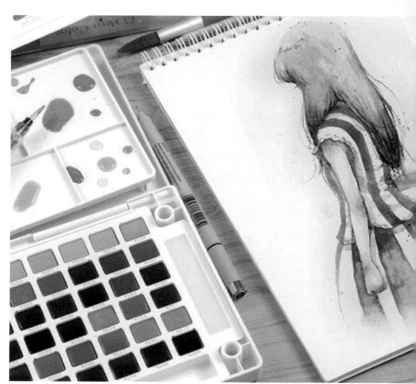

❺ 彩铅

彩色铅笔（简称：彩铅）属于半透明的绘画材质，是一种比较容易掌握的着色工具。水溶性彩铅也可以画出水彩的半透明效果。

⑥ 勾线笔

勾线笔也称为针管笔，一般用来绘制线条和进行细节的处理。

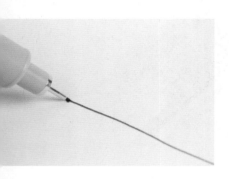

⑦ 毛笔

毛笔可以画出不同粗细的线条，主要用来绘制轮廓。

⑧ 高光笔

高光笔主要用来提亮画面高光的位置。

1.4 马克笔的用笔表现

马克笔用笔的技法相对简单，主要在于用笔的笔触潇洒及艺术感的表现。

1.4.1 马克笔的笔触表现

马克笔的笔触表现主要在于笔触的顺序排列和色彩的叠加效果，以及通过对笔尖方向的控制进行勾勒。

❶ 平涂

平涂法是马克笔绘画中最基础的技法。由于马克笔本身的材料及笔头宽度的特性，绘画过程中会留下笔触衔接的痕迹。

宽笔头能最大面积地接触纸面，Z字形用笔。

在上一笔结束的地方进行衔接，使两笔笔触融合在一起，用同样的方法铺满。

❷ 排线

使用马克笔绘画排线不能形成细密的色调，但是根据笔触秩序排列及笔触之间留出的空隙，能够丰富画面的层次感。

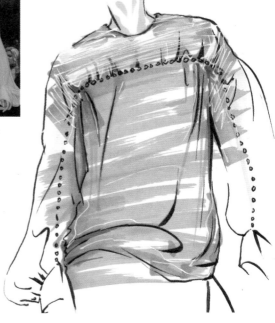

排线的笔触不要重叠，下笔较重，收笔较轻。

用同样的方法铺满纸张，笔触之间的间隙形成一定的韵律感。

❸ 叠色

　　马克笔的叠色技法分为同色叠色和异色叠色。同色叠色技法表现过程中，重叠次数越多，颜色越深，可表现出明暗变化和同色渐变的效果。异色叠色技法表现过程中，叠色处理可以用来调和色彩，重叠次数不宜过多，否则容易失去马克笔的透明质感效果。

同色叠色

用排线的方法平铺底色。

用同色系的深色颜色从上而下画出渐变的效果。

异色叠色

用平涂的方法Z字形填满底色。

用其他的颜色进行第二次上色，第二次叠色的颜色不要将底色完全覆盖住。

❹ 勾线

　　运用马克笔勾线也是一种绘画技法。利用尖头马克笔能够迅速绘制流畅的线条，也能控制用笔的力度，画出粗细变化的线条。

用马克笔的尖头画出图案的一角。

以一角为出发点，逐渐延伸展开，注意图案的疏密、大小关系。

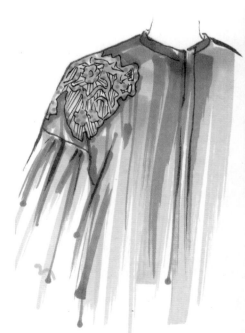

1.4.2 绘画工具混合使用的效果

马克笔的绘画表现手法简洁、干练，在与其他绘画工具的混合使用时，能够增加画面的趣味性。

❶ 与彩铅混合使用

彩铅可以绘制出画面的细节表现，使画面更加完善，通常通过排线、涂抹等手法绘制。

用彩铅排线的方法绘制画面的底色，可以多画几个颜色，来丰富画面的色感。

用马克笔进行第二次叠色，彩铅与马克笔色彩的混合使用，能够让画面看起来颜色更鲜艳。

❷ 与水彩混合使用

一般在马克笔绘画过程中，可以使用水彩铺就大面积底色，使画面更加清新、艳丽。

用多种水彩颜色进行大面积铺色。

再用马克笔进行第二次颜色的叠色，注意马克笔用笔的排线，笔触清晰、干脆。

第 2 章

时装画人体

人体是时装画绘制过程中的重点，也是时装画绘制的难点。时装画人体的学习主要从两大方向入手，一是了解人体的结构与透视，二是了解人体的动态表现，把握好这两点，初学者就能够更快地学会时装画的绘制。

2.1　人体骨骼

在时装画人体结构中，骨骼是构成人体的基础，骨骼主要支撑人体的姿态，想要画出优美的人体，就要更好地理解骨骼的形状和结构。

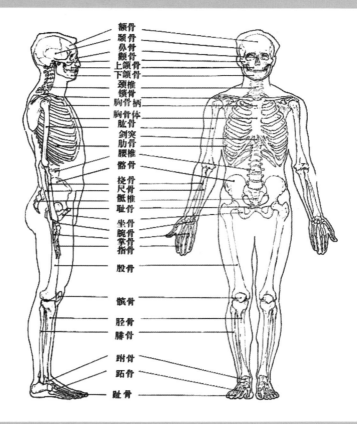

额骨
颞骨
鼻骨
颧骨
上颌骨
下颌骨
颈椎
锁骨
胸骨柄
胸骨体
肱骨
剑突骨
肋椎
腰椎
髂骨
桡骨
尺骨
骶椎
耻骨
坐骨
腕骨
掌指
股骨
髌骨
胫骨
腓骨
跗骨
跖骨
趾骨

2.2　人体的结构与比例

时装画中的人体比例相对于现实生活中的人体比例来说，是进行了美化的理想人体比例。根据表达风格的不同，人体比例的夸张程度也不一样，一般而言，9头身是时装画中最常用的人体比例，为了表现更加具有冲击力的视觉效果，人体比例会夸张到10头身到12头身。

2.2.1　女性人体

女性人体最为显著的特点是肩部和臀部的位置较宽，而腰部明显较细，从侧面看，女性人体的胸部前挺，臀部后翘，形成优美的S形曲线。女性的四肢修长，肌肉线条比较柔和，所以在表现女性人体时，整体要更加纤细。

女性比例

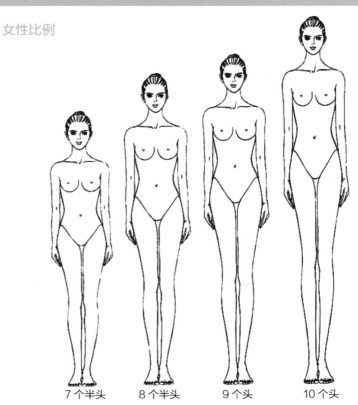

7个半头　　8个半头　　9个头　　10个头

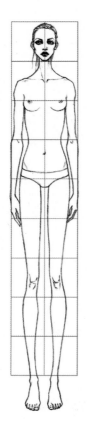
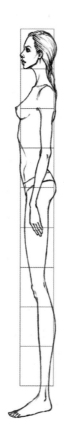
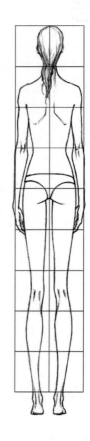

2.2.2　男性人体

　　男性人体的肩部比臀部更宽，人体的外轮廓呈现出倒三角形，且男性人体的四肢更加强健，肌肉发达。在绘制男性人体时，表现应该更加饱满，此外，男性关节比女性的更加明显。

男性比例

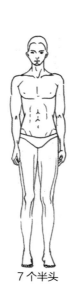

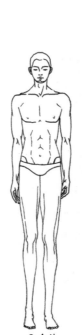

7 个半头　　　　8 个半头　　　　9 个头　　　　10 个头

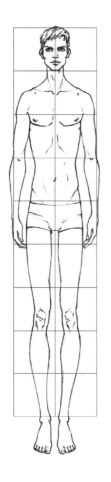
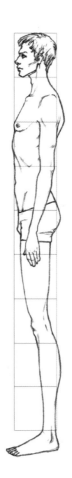

2.3　人体动态

　　人体动态的表现过程中，最重要的是动态的平衡感，一个是身体的扭转要符合运动的规律，另一个是人体动态的重心要稳定，不能倾斜。

2.3.1　人体动态规律

　　人体动态主要在于躯干的变化，躯干的变化很大程度上决定了身体的动态表现。身体的扭转与俯视等依靠的是胸腔与盆腔两大体块的关系，这两个体块处于平行运动时，身体的动态幅度较小，这两个体块产生挤压、拉伸时，身体的动态幅度较大。

2.3.2 人体重心

　　重心线是通过锁骨中点向下垂直的线条。人体垂直站立时，人体的重量均匀分布在两腿之上；胸腔和盆腔处于平衡状态时，重心线就会处于两腿之间；当人体运动时，一般是一条腿支撑身体的重量，重心线处于支撑腿上或者是支撑腿附近的位置。

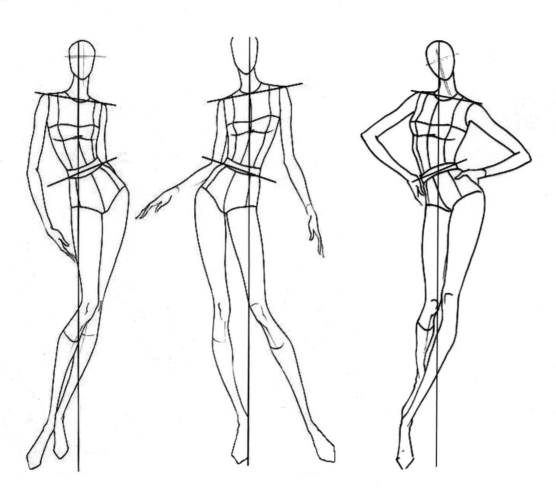

2.3.3 正面动态表现

躯干不管怎么运动变化都保持为正面，四肢夸张变化的表现为正面动态表现。

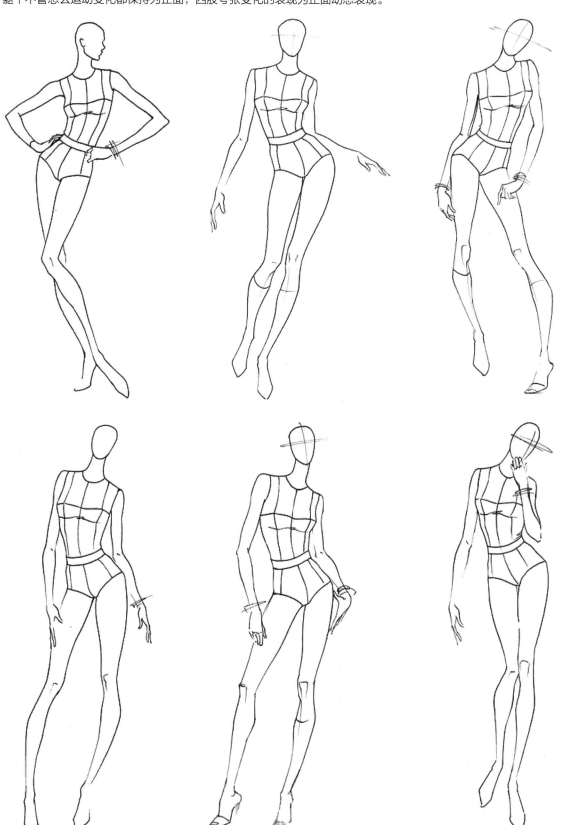

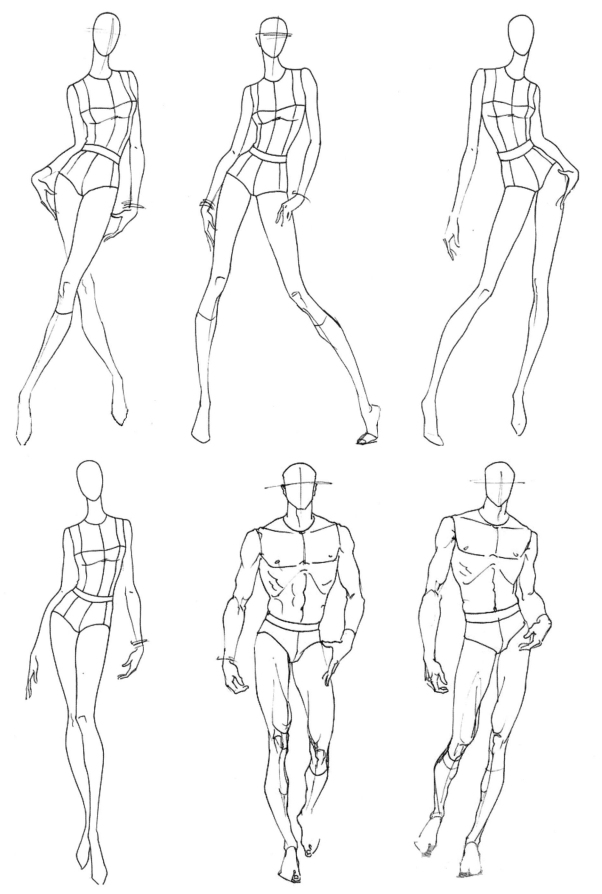

2.3.4 侧面动态表现

人体产生四分之三或者四分之一的角度变化都称为侧面动态变化。

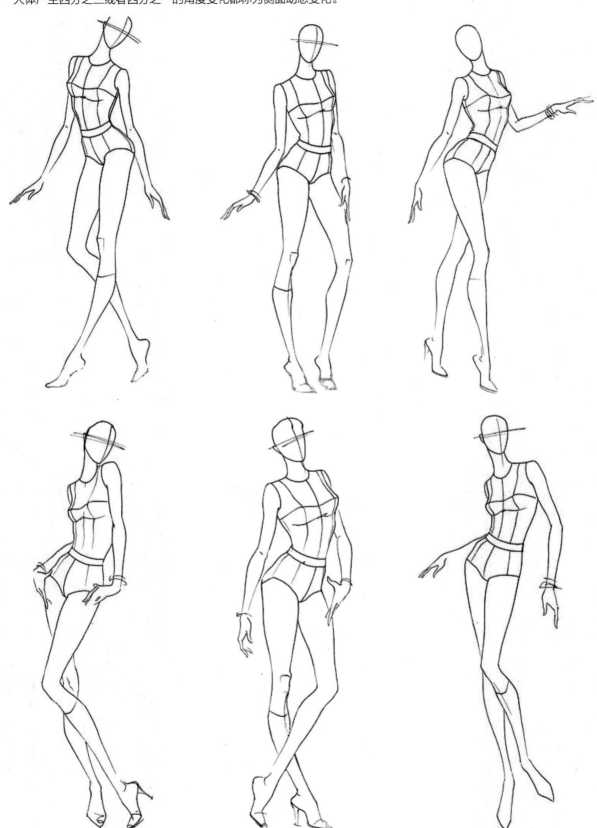

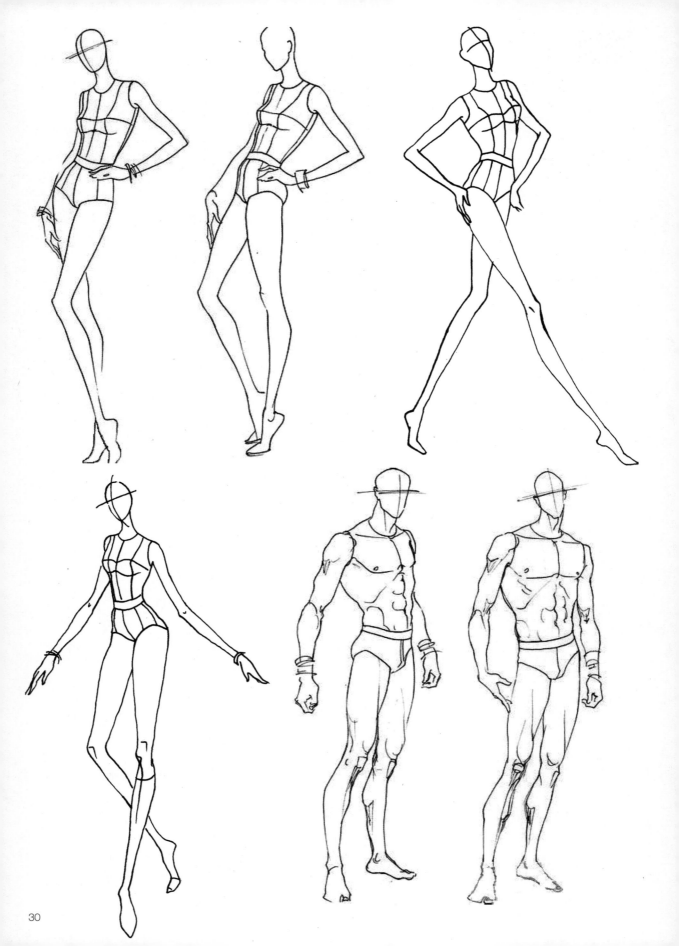

时装人体上色时主要是由光源的明暗变化而决定的，并要按照明暗规律绘制出立体感。

2.4.1 光源变化的表现

时装人体绘制过程中，光源的变化主要为单向光源和散光两种。单向光源是指空间里面只有一处光源的照射情况下产生的光源变化；散光光源是指在空间里面有多处的光源照射下产生的光源变化。

单向光源表现

散光光源表现

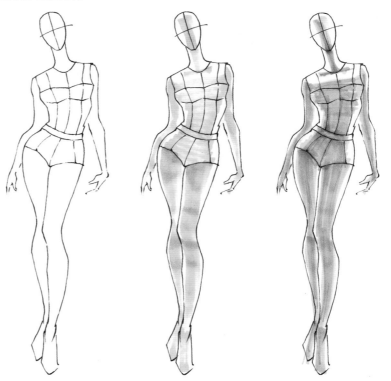

2.4.2　上色技法

　　时装画人体上色技法主要分为留白和平涂两种。留白技法主要用于暗部的上色处理，适合单向光源的表现；平涂技法用于明暗的上色处理，适合散光光源的表现。

留白技法表现

平涂技法表现

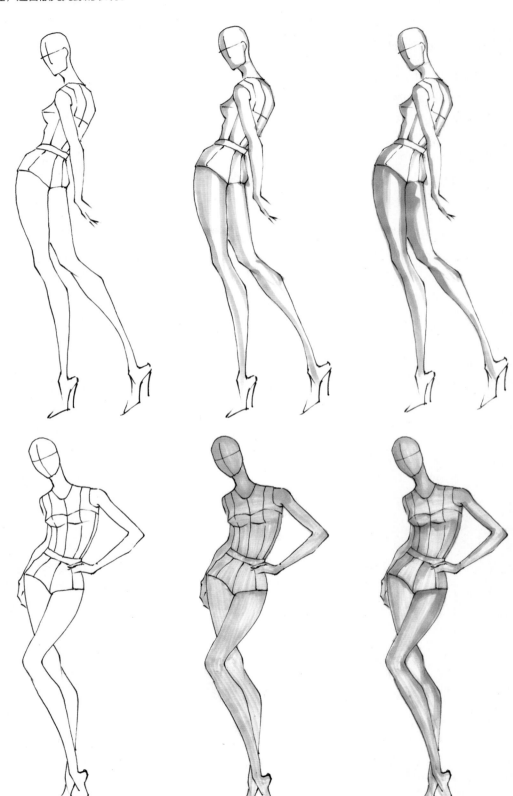

时装画中常用的人体动态主要是为了展示服装的视觉效果。把握好多种人体动态的表现，能够更好地展示服装效果。

2.5.1　站姿表现

站姿是时装画中常用的动态，这类动态不会让服装产生过多的褶皱，能够更加全面地展示服装的特点。

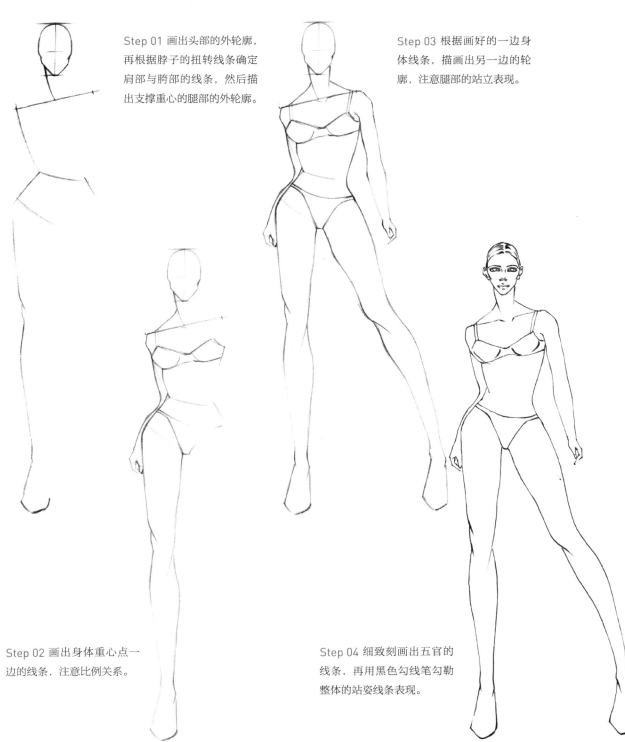

Step 01 画出头部的外轮廓，再根据脖子的扭转线条确定肩部与胯部的线条，然后描出支撑重心的腿部的外轮廓。

Step 03 根据画好的一边身体线条，描画出另一边的轮廓，注意腿部的站立表现。

Step 02 画出身体重心点一边的线条，注意比例关系。

Step 04 细致刻画出五官的线条，再用黑色勾线笔勾勒整体的站姿线条表现。

2.5.2 走姿表现

走动的姿势一般参考时装模特在展台上面展示服装的动态，这类动态图比较生动，但是会对服装产生一定的遮挡。

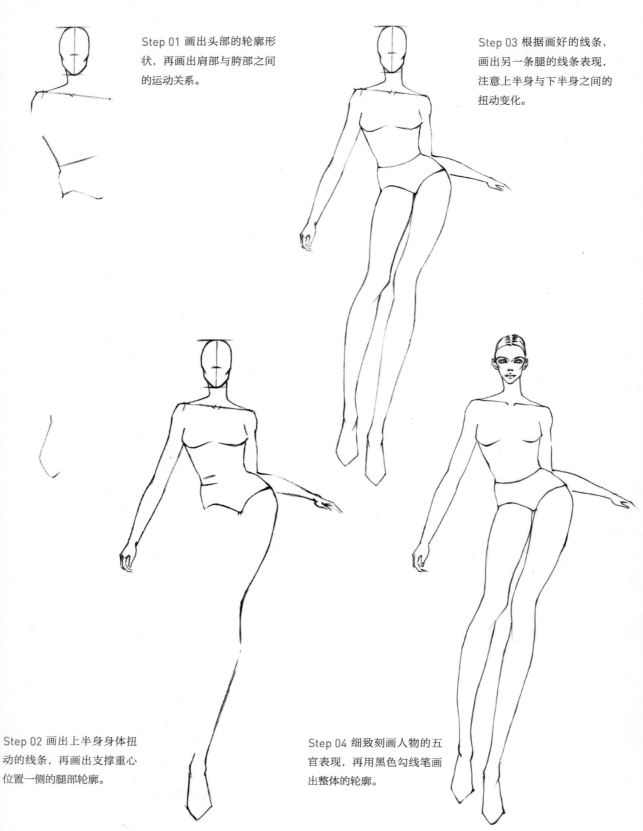

Step 01 画出头部的轮廓形状，再画出肩部与胯部之间的运动关系。

Step 03 根据画好的线条，画出另一条腿的线条表现，注意上半身与下半身之间的扭动变化。

Step 02 画出上半身身体扭动的线条，再画出支撑重心位置一侧的腿部轮廓。

Step 04 细致刻画人物的五官表现，再用黑色勾线笔画出整体的轮廓。

2.5.3 坐姿表现

坐姿属于肢体运动较大的动态，对服装产生较多的遮挡，但是富有美感，在时装效果图中较少出现，多用于时装插画。

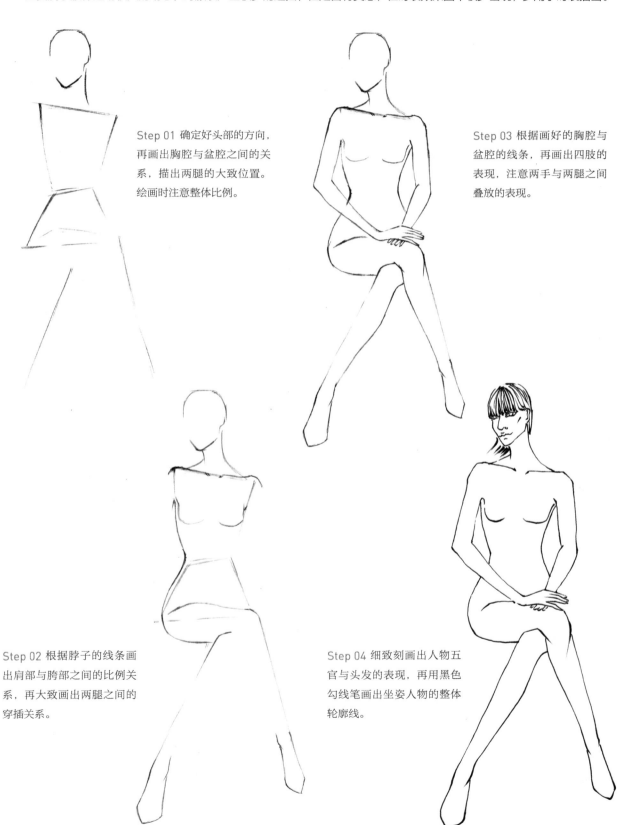

Step 01 确定好头部的方向，再画出胸腔与盆腔之间的关系，描出两腿的大致位置。绘画时注意整体比例。

Step 02 根据脖子的线条画出肩部与胯部之间的比例关系，再大致画出两腿之间的穿插关系。

Step 03 根据画好的胸腔与盆腔的线条，再画出四肢的表现，注意两手与两腿之间叠放的表现。

Step 04 细致刻画出人物五官与头发的表现，再用黑色勾线笔画出坐姿人物的整体轮廓线。

第 3 章

时装画人体
的局部表现

人体局部知识点的讲解能够帮助绘画者更好地掌握整体的时装画创
作表现，充分地将设计想法通过服装效果图表现出来。

人物的头部结构，主要是指头部的形体结构以及解剖结构。掌握人物的头部结构规律，能够更好的表现人物特点。

3.1.1 头部形体与结构

头部整个形体呈立方体，我们可把头部分为面颅部与脑颅部。面颅部形态由平行的立方体、半个圆柱体和三角形体块组成。

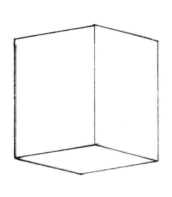

3.1.2 头部骨骼与肌肉结构

头部整体结构主要是由面颅部和脑颅部的骨骼组合而成。

人物头像面部肌肉的构成如下。

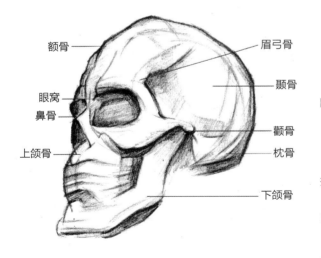

额骨　眉弓骨　颞骨　眼窝　鼻骨　颧骨　枕骨　上颌骨　下颌骨

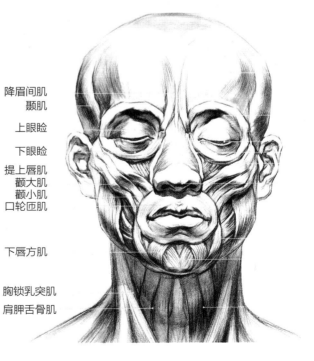

降眉间肌　颞肌　上眼睑　下眼睑　提上唇肌　颧大肌　颧小肌　口轮匝肌　下唇方肌　胸锁乳突肌　肩胛舌骨肌

3.1.3　头部的空间透视表现

　　"透视"是一种绘画活动中的观察方法，通过这种方法可以归纳出视觉空间的变化规律。用笔准确地将三维空间的景物描绘到二维空间的平面上，这个过程就是透视过程。

　　头部的结构非常复杂，我们要通过多角度的头部空间透视关系来了解头部的透视，尽可能地把握头部空间变化的规律。

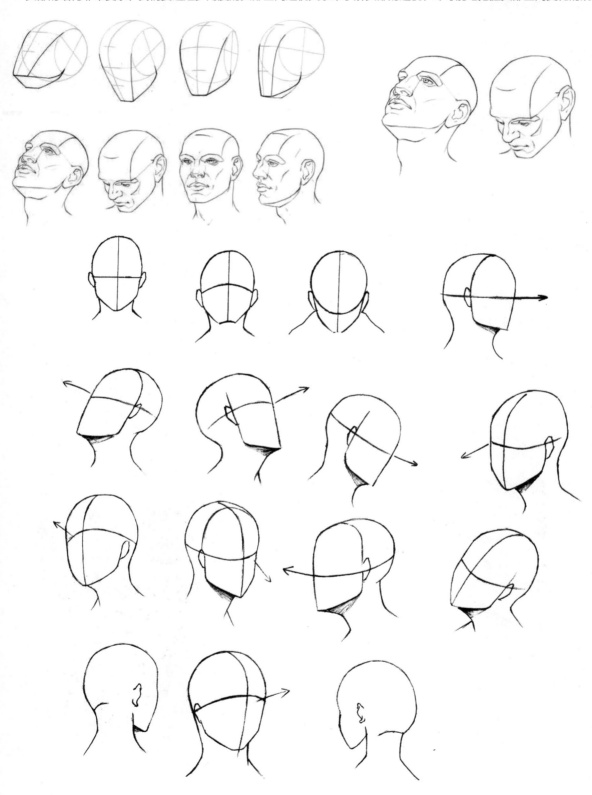

3.1.4 头像的表现

想要更好地展现时装画的特点，主要在于抓住人物面部表情的特点。

① 人物面部比例

人物头像面部要按照"三庭五眼"的特征进行绘制。右图中①为三庭，三庭是指将头部分为三等分，从发际线到眉间为上庭，从眉间到鼻尖为中庭，从鼻尖到下巴为下庭；②为五眼，从面部正面观察，脸的宽度为五个眼的宽度，两眼间距离为一个眼的宽度；③为二等分，从头顶到眼睛为上等分，从眼睛到下巴为下等分。

发际线

眉线

鼻底线

颏底线

② 头像的绘制步骤

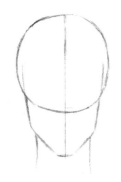
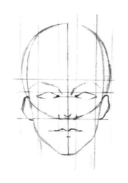
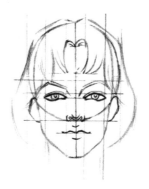

Step 01 用铅笔画出头部的大体结构。头部主要由两部分组成，先画出头部的空间透视关系。

Step 02 按照"三庭五眼"的标准画出大致的五官位置。

Step 03 头发是覆盖在头部上面的，所以绘制头发的时候需要注意头发与头部之间的关系，还要注意表现头发之间的穿插关系。

Step 04 擦除多余的线条，细致刻画出整个头部的形状以及面部的表情。

③ 多角度的头像表现

在时装画里面，随着人体动态的不同变化会产生不同角度的头像，只要抓住人物面部表情特征，就能更好地完成时装画人体的表现。

　　在时装画里面，五官是表现人物面部特征的重要因素，能表达出人物的神韵，往往是画面的焦点之一。把握好五官细节的刻画，能够更好地体现人物的特点。

3.2.1　眼睛

　　"眼睛是心灵的窗户"，人物面部的特征主要在于眼睛的绘制。抓住人物眼睛的神韵，能够更好地绘制出人物特点。

① 眼睛的绘制步骤

1. 正面眼睛的绘制

Step 01 用铅笔画出眼睛的长度和高度。

Step 02 绘制正面眼睛的时候注意根据箭头的方向绘制眼睛轮廓。

Step 03 按照眼睛的轮廓画出眼球的形状，并画出眉毛的位置。

Step 04 细致刻画眼睛的内眼睑线条以及眼睛的暗部光影，擦除多余的线条。

Step 05 用棕色针管笔勾勒出眼睛和眉毛的形状，擦除铅笔线稿。

Step 06 填充眼睛以及眉毛的颜色，加深眼部轮廓的颜色，注意暗部与亮部之间的表现。

2. 斜侧面眼睛的绘制

Step 01 画斜侧面眼睛的时候，先画出侧面鼻梁的线条。

Step 02 绘制斜面眼睛的时候注意用笔的转折表现。

Step 03 斜侧眼睛的轮廓特点根据眼珠的变化而变化，眼珠靠近鼻梁的位置时，注意表现眼珠的立体感。

Step 04 画出眉毛的形状，然后细致刻画内眼睑的线条以及眼睛暗部的阴影。

Step 05 用棕色针管笔勾勒出眼睛和眉毛的形状，擦除铅笔线稿。

Step 06 填充眼睛与眉毛的颜色，注意明暗之间的关系。

Step 01 画出额头和鼻梁的侧面线条，再画出全侧眼睛的外轮廓。

Step 02 绘制全侧面眼睛的时候注意用笔的转折表现。

Step 03 画出眼球的位置，注意眼睛的透视表现。

Step 04 用黑色针管笔勾勒眼睛的形状，擦除铅笔线稿。

Step 05 给全侧面眼睛上色时要强烈表现出眼睛的明暗颜色变化，更能突出眼睛的立体效果。

❷ 多角度眼睛的表现

眼睛的绘制主要在于抓住眼睛的神韵，不同角度的眼睛绘制需要注意眼睛的透视关系。

3.2.2 鼻子

鼻子是由一个正面和两个侧面以及一个底面组合而成。在时装画中鼻子的表现都比较简单，只需要绘制出鼻子的大概特点。

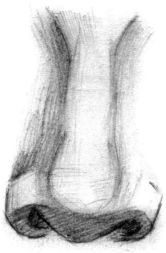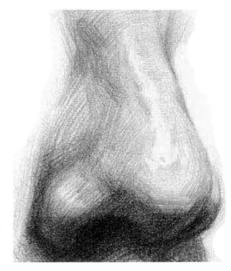

● 鼻子的绘制步骤

1. 正面鼻子的绘制

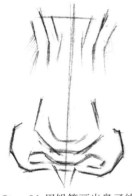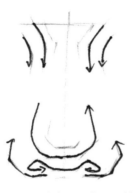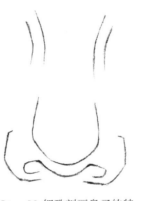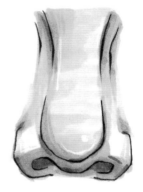

Step 01 用铅笔画出鼻子的外轮廓形状，注意正面鼻子是由四个面组成。

Step 02 注意正面鼻子用笔时候的转折表现。

Step 03 细致刻画鼻子的特点，擦除多余的线条。

Step 04 填充鼻子的颜色，注意鼻子的明暗颜色关系，再用黑色毛笔勾勒鼻子的轮廓。

2. 四分之三侧面鼻子的绘制

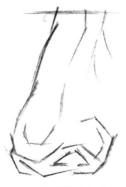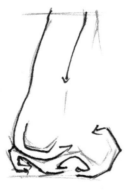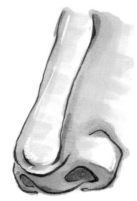

Step 01 用铅笔画出鼻子的外轮廓形状，注意两边鼻孔的透视关系。

Step 02 注意四分之三鼻子用笔时候的转折表现。

Step 03 细致刻画鼻子的特点，擦除多余的线条。

Step 04 画出鼻子的明暗颜色变化，再用黑色毛笔勾勒鼻子的轮廓。

3. 斜侧面鼻子的绘制

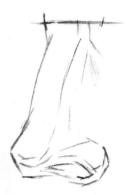   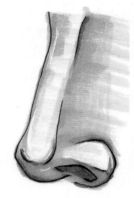

Step 01 用铅笔画出鼻子的外轮廓形状，注意斜侧面鼻子只有一边的鼻头可以看见。

Step 02 注意斜侧面鼻子绘制时候的转折表现。

Step 03 细致刻画鼻子的特点，擦除多余的铅笔线条。

Step 04 给斜侧面鼻子上色时，先画出鼻底和鼻梁的颜色来增加鼻子的立体效果。

❷ 多角度鼻子的表现

鼻子是面部最凸起的部分，在绘制鼻子时以表现鼻子的特点为主。

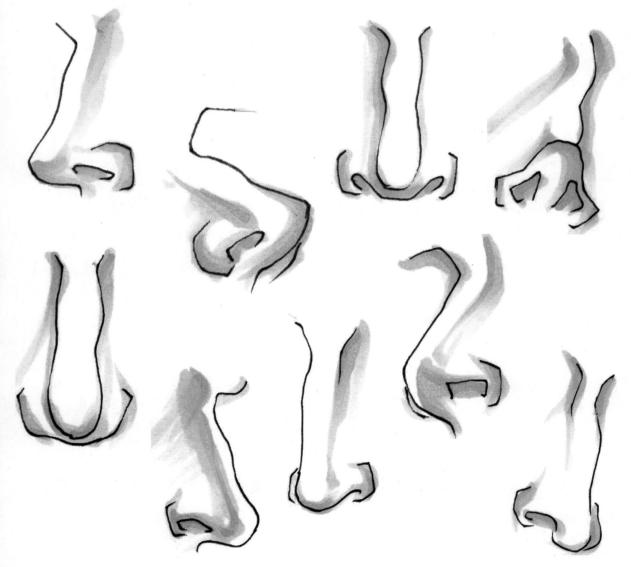

3.2.3 耳朵

耳朵的表现与其他的五官不一样。耳朵位于面部的两侧，当头部为正面时，耳朵处于侧面；当头部为侧面时，耳朵处于正面。

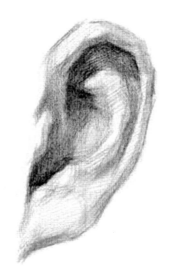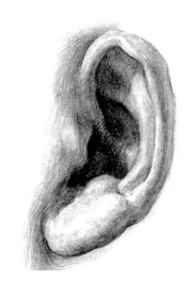

❶ 耳朵的绘制步骤

1. 正面耳朵的绘制

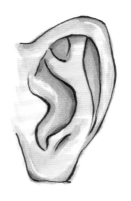

Step 01 画正面耳朵时，注意耳朵的轮廓比较宽，再画出耳内线条。

Step 02 注意正面耳朵绘制时候的转折表现。

Step 03 细致刻画耳朵的形状，擦除多余的线条。

Step 04 填充耳朵的颜色，主要表现耳内轮廓的暗部颜色。

2. 侧面耳朵的绘制

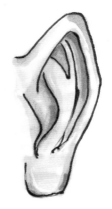

Step 01 用铅笔画出耳朵的大致轮廓，耳朵的轮廓比较窄。

Step 02 注意侧面耳朵绘制时候的转折表现，注意耳垂特点。

Step 03 细致刻画耳朵的形状，注意透视关系。

Step 04 画出耳朵的明暗颜色表现，并用黑色毛笔勾勒耳朵的轮廓。

Step 01 用铅笔画出背面耳朵的大致轮廓。

Step 02 注意背面耳朵绘制时候的转折表现。

Step 03 细致刻画耳朵的形状，擦除多余的线条。

Step 04 先画出耳垂的暗部颜色再画出整体耳朵的明暗变化，最后用黑色毛笔勾勒轮廓。

❷ 多角度耳朵的表现

不同角度的耳朵形状各有不同，主要在于透视关系的把握。

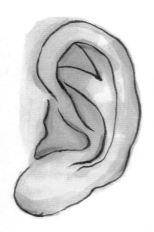 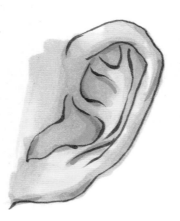  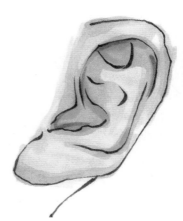

3.2.4　嘴巴

嘴巴由以唇凸点为中心呈左右对称的菱形组成，嘴巴的透视关系与人物角度的变化一致。

 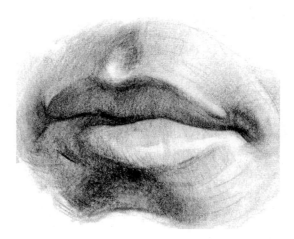

❶ 嘴巴的绘制步骤

1. 正面嘴巴的绘制

Step 01 用铅笔画出嘴唇的宽度及高度，注意上下嘴唇之间的线条表现。

Step 02 注意正面嘴巴绘制时的转折表现。

Step 03 细致刻画嘴唇的轮廓，擦除多余的铅笔线条。

Step 04 上色时注意表现出嘴唇的明暗凹凸，画出人中和下巴的暗部颜色来增加嘴唇的立体感。

2. 斜侧面嘴巴的绘制

Step 01 用铅笔画出斜侧面嘴巴的轮廓，注意嘴巴两侧大小的不同。

Step 02 注意斜侧面嘴巴绘制时候的转折表现。

Step 03 细致刻画嘴唇的轮廓，注意上嘴唇和中心线的特点。

Step 04 给斜侧面嘴巴上色时，注意加深较小一侧嘴唇的颜色和中心线位置的暗部颜色，再画出整体嘴唇的亮部颜色。

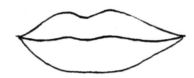

3. 全侧面嘴巴的绘制

Step 01 用铅笔画出嘴巴的轮廓，注意全侧的嘴唇透视表示。

Step 02 注意全侧面嘴巴绘制时的转折表现。

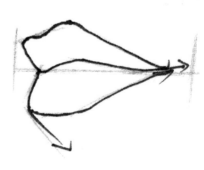

Step 03 细致刻画嘴唇的轮廓，注意唇中线与下嘴唇线条的表示。

Step 04 根据光源变化的角度画出嘴唇、人中和下巴的暗部颜色，然后点出嘴唇的亮面位置。

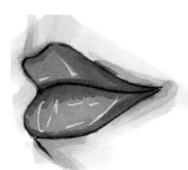

❷ 多角度嘴巴的表现

不同角度的嘴唇表现主要在于透视关系的变化。

面部主要在于肤色的颜色变化以及不同光影下人物面部阴影的变化。

3.3.1　头部上色表现

头部的上色表现不需要表现出丰富的色彩，只需要表现出肤色和额头、眉弓、鼻梁以及颧骨等位置的大的体块转折及脖子的投影变化即可，面部的高光位置可以直接留白。

头部上色步骤

Step 01 用铅笔画出头部的形状及五官的的位置。

Step 02 注意头部轮廓转折的线条表现。

Step 03 再用黑色毛笔勾勒出头部的形状。

Step 04 平铺皮肤的底色，注意上色时的用笔表现。

Step 05 画出面部的阴影位置，注意转折关系。

Step 06 画出面部五官的颜色，最后用高光笔画出面部高光。

3.3.2　多角度的面部上色表现

光影让人物头像有了明暗的变化。运用上色技巧，能巧妙地根据光源的变化画出不同光照下的人物头像。

3.4 发型的表现

发型能够决定人物的气质，表现出人物的个性。用马克笔表现发型的变化时不要拘泥于发丝的细节处理，而要注意发型整体的形状以及发丝大致的走向变化。

3.4.1 发型的绘制

发型绘制步骤

Step 01 用铅笔绘制出头发的大致形状，再画出五官的位置。

Step 02 注意发丝的转折表现。

Step 03 用黑色毛笔勾勒出头部和发丝的表现。

Step 04 画出面部的明暗颜色及五官的颜色。

Step 05 随着发丝的走向平铺头发的底色。

Step 06 画出头发的阴影颜色，注意用笔的转折表现。

Step 07 再一次加深头发的暗部颜色，然后用黑色勾线笔画出发丝的细节，最后画出头发的高光。

3.4.2　多角度发型的表现

不同角度的发型表现主要在于掌握头发整体的走向以及头发颜色的明暗变化。

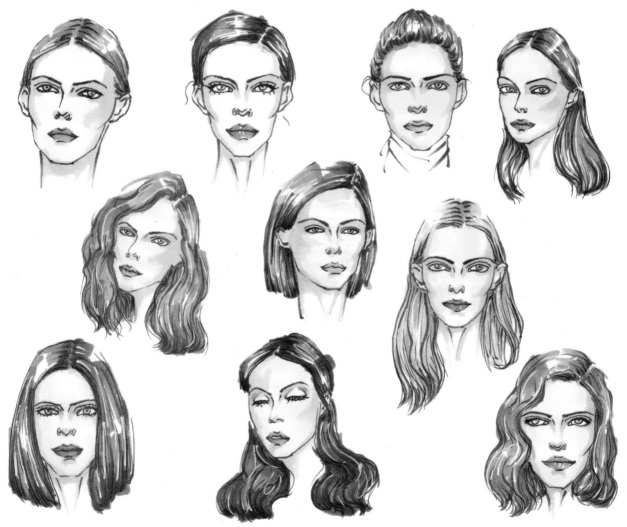

手臂是指人的上肢，肩膀以下、手腕以上的部位。手臂的摆动能够增加人体姿态的美感。

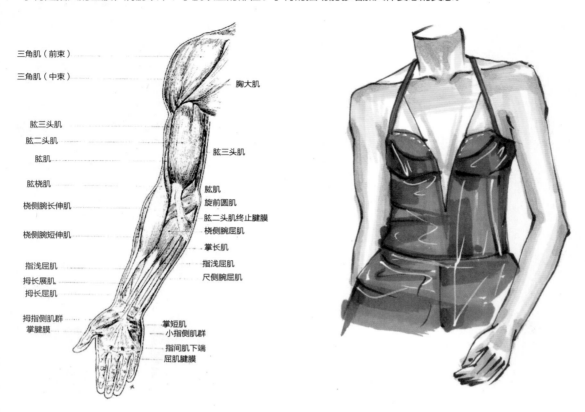

三角肌（前束）
三角肌（中束）
胸大肌

肱三头肌
肱二头肌
肱肌
肱三头肌

肱桡肌
肱肌
旋前圆肌
桡侧腕长伸肌
肱二头肌终止腱膜
桡侧腕屈肌
桡侧腕短伸肌
掌长肌

指浅屈肌
指浅屈肌
拇长展肌
尺侧腕屈肌
拇长屈肌

拇指侧肌群
掌短肌
掌腱膜
小指侧肌群
指间肌下端
屈肌腱膜

3.5.1 手臂形态的表现

手臂的形态是根据人体姿态变化后产生的透视关系，手臂的曲线会随着透视关系弧度变大，而缩短整体长度。

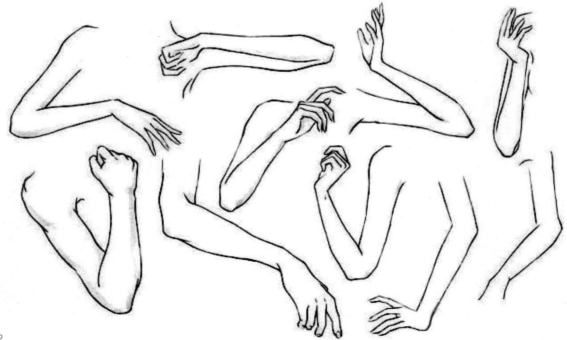

3.5.2 手臂上色表现

根据光源的影响手臂的上色会发生不同的变化。

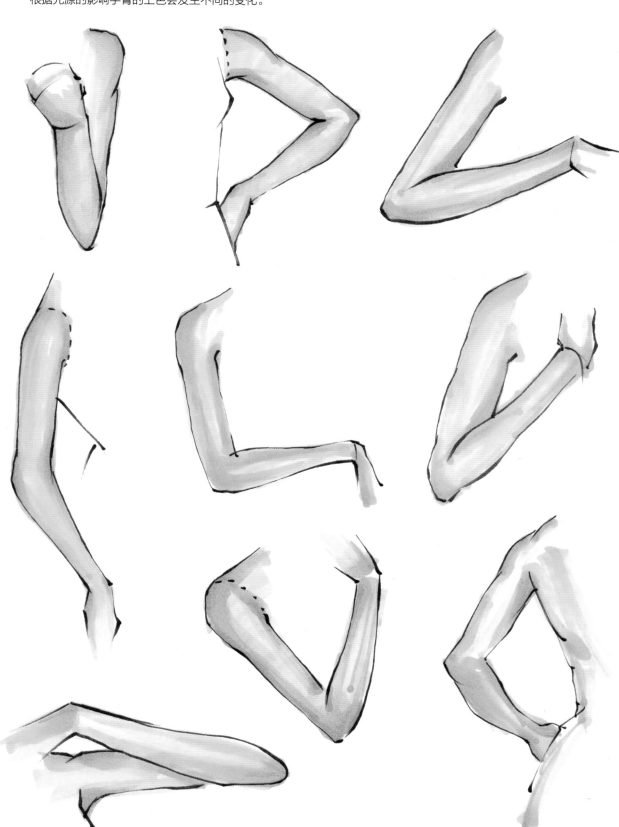

手部的动态比较灵活，肌肉并不发达，骨骼比较明显，画出优美而又时尚的手部很重要。

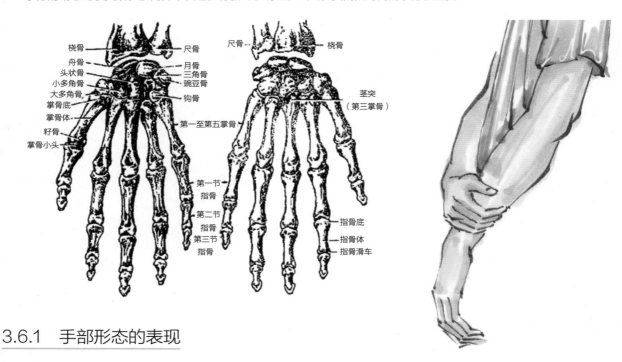

3.6.1　手部形态的表现

手部动态图要根据手部的结构变化来绘制，注意表现手掌与手指之间的转折关系。

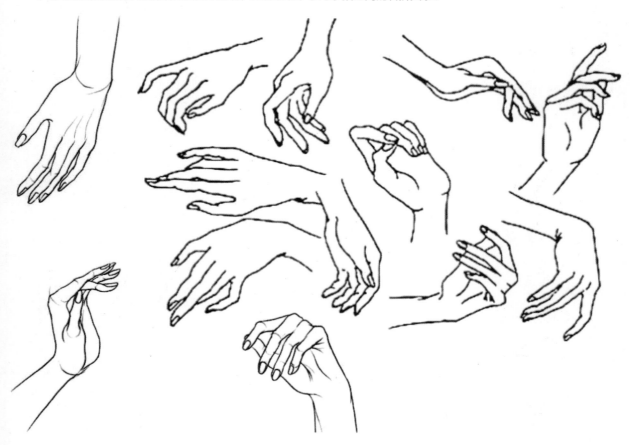

3.6.2　手部上色表现

手部的上色除了根据光源的变化而铺色，还要注意表现手部体积感的变化。

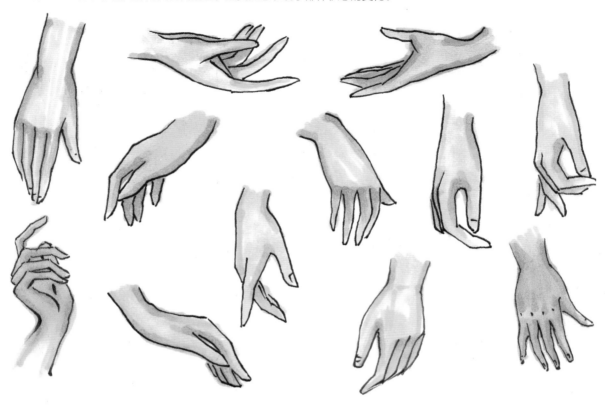

3.7　腿部

腿部是指人体的下肢，从臀部到膝盖称为大腿，从膝盖到脚踝处称为小腿。

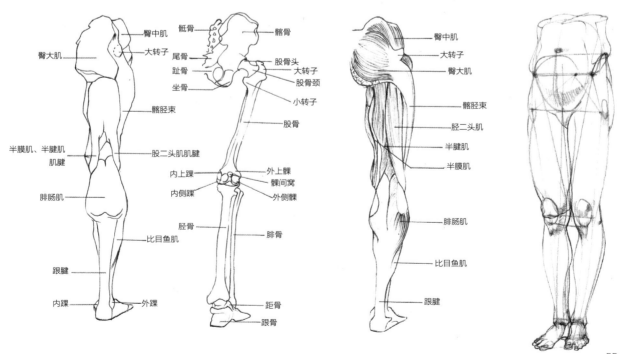

3.7.1 腿部形态的表现

绘制腿部形态时，我们要在理解腿部骨骼与肌肉结构的基础上，美化腿部整体线条，使腿部看起来更加优美且修长。

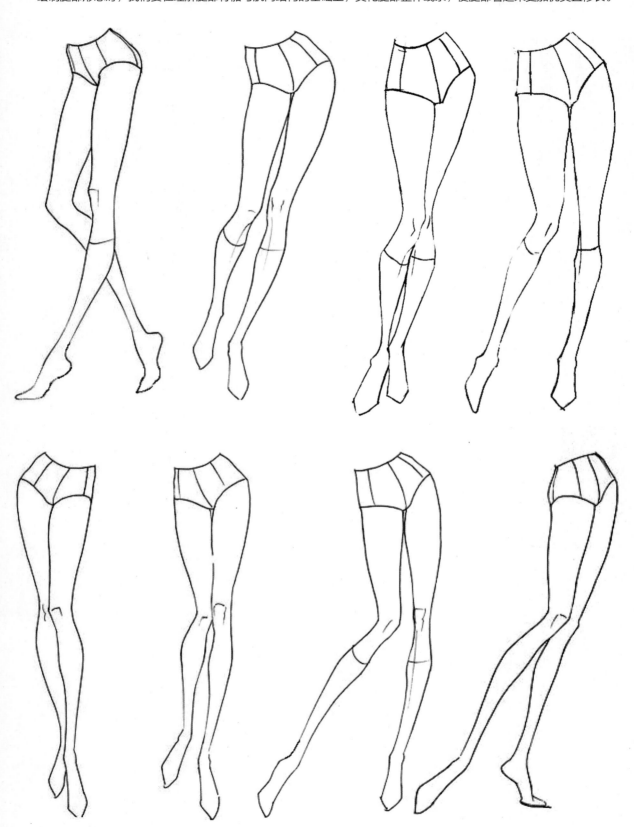

3.7.2　腿部上色表现

腿部的上色根据光源的变化和腿部肌肉线条表现有所不同。

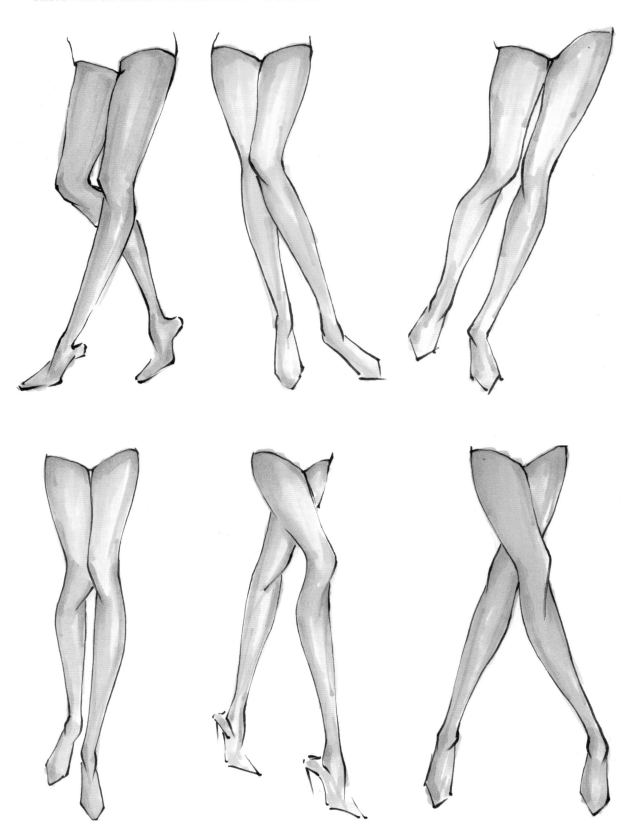

足部主要分为脚踝、脚跟、脚弓和脚趾四个部分。足部和手部相同，要有一定的弧度表现。

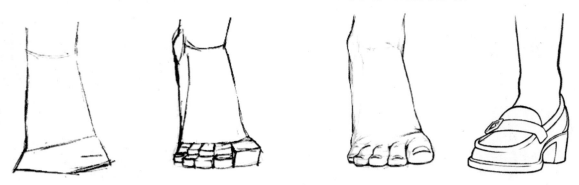

3.8.1 足部形态的表现

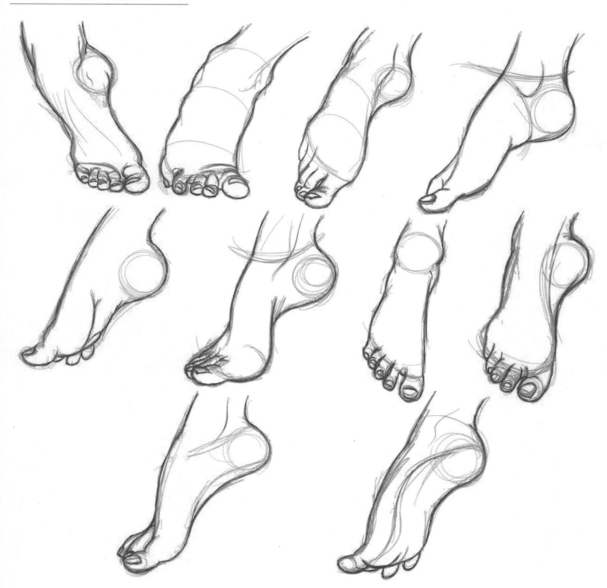

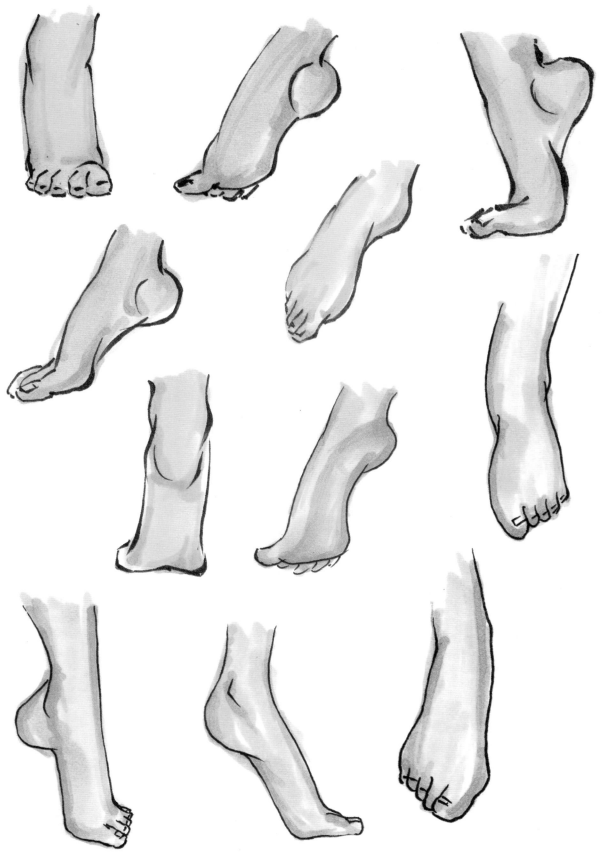

第 4 章

配饰的表现

在时装效果图的绘制过程中，配饰是经常出现的搭配物品。配饰能够丰富整体的画面视觉感，起到画龙点睛的效果。时装画效果图里最常见的配饰主要是帽子、包、首饰、围巾、腰带和鞋子等。

帽子是一种戴在头部的配饰，多数可以覆盖头的整个顶部。帽子有装饰、遮阳、增温和防护等作用。

4.1.1 帽子的绘制表现

帽子的绘制表现主要在于对帽子外部轮廓的整体把握，上色时注意要根据轮廓的走向进行颜色的处理。

① 水手帽绘制步骤

Step 01 用铅笔绘制帽子的外轮廓。

Step 02 用黑色毛笔画出帽子的线条。

Step 03 画出帽子的固有色及帽顶的暗部颜色。

Step 04 再次加深帽子的暗部颜色并点缀高光。

② 船长帽绘制步骤

Step 01 勾勒出帽子的轮廓。

Step 02 用黑色毛笔勾勒船长帽的轮廓及细节。

Step 03 平铺帽子的固有色。

Step 04 加深帽子的暗部颜色，用黑色针管笔画出装饰线，最后点缀高光。

③ 礼帽绘制步骤

Step 01 勾勒礼帽的轮廓，注意帽檐的透视变化。

Step 02 细致勾勒出帽子的轮廓，注意线条的虚实感。

Step 03 平铺礼帽的底色。

Step 04 画出礼帽的暗部颜色，再画出帽子上的装饰线条和高光。

不同款式帽子颜色的处理，也是根据各个款式的轮廓走向来上色，要处理好各个款式帽子上的细节的表现。

女士包根据不同的服装进行搭配，其样式大致分为单肩、双肩、斜跨和手拎包等。包是服装搭配中常见的一种配饰。

4.2.1 包的绘制表现

包的绘制表现在于线稿细节的处理。包的轮廓线条和装饰线条比较丰富，在完成包的颜色处理之后要注意表现装饰线条的细节。

❶ 流苏包绘制步骤

Step 01 勾勒流苏包的轮廓。

Step 02 用毛笔覆盖铅笔线条。

Step 03 平铺流苏包的底色。

Step 04 画出包的暗部颜色，注意流苏的明暗变化，最后点缀高光。

❷ 单肩包绘制步骤

Step 01 用铅笔勾勒出包的轮廓。

Step 02 用毛笔覆盖铅笔线条，注意表现出单肩包上的褶皱。

Step 03 平铺包的固有色。

Step 04 画出包的明暗变化及高光，增强单肩包的立体感。

Step 01 用铅笔勾勒出抽绳包的轮廓。　　Step 02 用毛笔覆盖铅笔线条。　　Step 03 平铺抽绳包的底色。　　Step 04 画出包的明暗变化及高光。

4.2.2　多款女包上色欣赏

不同的服装风格要搭配不同款式的包。包的材质和轮廓也是千变万化的，所以在对包进行上色处理前，要细致刻画每种包的轮廓。

4.3　首饰

首饰是指戴在头上和手上的装饰品,包括以贵重金属、宝石等加工而成的项链、耳环、戒指等。

4.3.1　首饰的绘制表现

首饰本身就是比较细小的物品,在时装画里主要用来丰富整体画面的色彩感。通常时装画里的首饰的颜色处理都比较简单。

❶ 耳环绘制步骤

Step 01 用铅笔画出耳环的轮廓。

Step 02 用黑色毛笔覆盖铅笔线条。

Step 03 平铺耳环的固有色。

Step 04 画出耳环上宝石的暗部颜色与高光,突出耳环的透视效果。

❷ 项链绘制步骤

Step 01 用铅笔勾勒项链的轮廓。

Step 02 用毛笔覆盖铅笔线条,转折处一定要快速表现。

Step 03 画出项链的固有色。

Step 04 根据光源的变化画出项链的暗部颜色以及高光。

Step 01 用铅笔勾勒出
手镯的轮廓，注意透视
变化与手镯的形状特色。

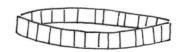

Step 02 用毛笔覆盖铅
笔线条。

Step 03 画出手镯各部
分的固有色变化。

Step 04 加深手镯的暗
部颜色，最后点缀高光
来表现手镯的质感。

4.3.2　多款首饰上色欣赏

首饰的佩戴方法有很多，佩戴的位置也有所不同，不同款式首饰颜色的层次感也不一样。

4.4　围巾

　　围巾是指围在脖子上的长条形、三角形、方形等织物，具有保暖的特点。在时装画里，围巾是较少出现的配饰，围巾的款式相对于其他配饰来说也比较简单。

4.4.1　围巾的绘制表现

　　不管围巾的款式怎样千变万化，围巾的整体都是类似于长方形、正方形等形状。在绘制围巾时，要抓住围巾的整体颜色，刻画出不同款式的细节。

❶ 长围巾绘制步骤

Step 01 用铅笔勾勒围巾的轮廓，注意缠绕位置的褶皱变化。　　Step 02 用黑色毛笔覆盖铅笔线条。　　Step 03 画出围巾的底色，亮部留白。　　Step 04 画出围巾暗部的颜色，注意装饰花朵的颜色处理，最后点缀高光。

❷ 毛呢围巾绘制步骤

Step 01 用铅笔勾勒围巾的轮廓。　　Step 02 用黑色毛笔覆盖铅笔线条。　　Step 03 平铺围巾的底色。　　Step 04 画出围巾的明暗变化，最后点缀围巾的高光。

❸ 丝巾绘制步骤

Step 01 用铅笔勾勒丝巾的轮廓。　　Step 02 用黑色毛笔覆盖铅笔线条。　　Step 03 画出丝巾暗部的颜色及丝巾边线的特点。　　Step 04 画出丝巾的明暗变化并点缀高光。

不同款式围巾的细节表现，大多数是由围巾的材质决定的。

腰带是用来束腰的带子。腰带的种类繁多，主要分为两类，一类是束腰带，另一类是装饰带子。

4.5.1 腰带的绘制表现

腰带也是时装效果图里较少出现的配饰之一。腰带的绘制表现，在于把握好轮廓线条细节的处理，以及挂扣线条的处理。

❶ 细皮带绘制步骤

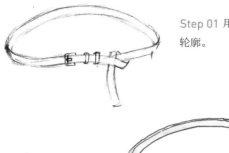

Step 01 用铅笔勾勒出轮廓。

Step 02 用黑色毛笔覆盖铅笔线条。

Step 03 平铺底色。

Step 04 画出腰带的明暗变化及高光。

❷ 束缚腰带绘制步骤

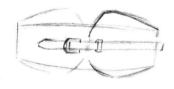

Step 01 用铅笔勾勒出轮廓。

Step 02 用毛笔覆盖铅笔线条，注意腰头位置的细节处理。

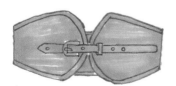

Step 03 平铺底色。

Step 04 画出腰带的明暗变化及高光。

❸ 后扣腰带绘制步骤

Step 01 用铅笔勾勒出轮廓。

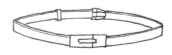

Step 02 用黑色毛笔覆盖铅笔线条。

Step 03 平铺底色。

Step 04 画出腰带的明暗变化及高光。

4.5.2　多款腰带上色欣赏

腰带的装饰性很强，不同款式、不同颜色的腰带在时装画里能起到画龙点睛的作用。

4.6　鞋子

鞋子是指穿在脚上、便于走路的物品。鞋子的防滑性和耐磨性都较好。在时装效果图里，不同的服装风格要搭配不同款式的鞋子。鞋子的风格和款式非常丰富。

4.6.1　鞋子的绘制表现

鞋子绘制表现的好坏在于对第一步线稿的处理。绘制不同款式的鞋子，对轮廓的把握及鞋子细节的处理都不相同。在颜色的处理上要根据鞋子的轮廓走向来上色。

❶ 松糕鞋绘制步骤

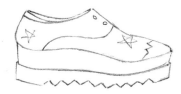

Step 01 用铅笔画出鞋子的整体轮廓。

Step 02 用黑色毛笔覆盖铅笔线条。

Step 03 平铺鞋子的固有色。

Step 04 画出鞋子的明暗变化及高光。

❷ 坡跟鞋绘制步骤

Step 01 用铅笔画出鞋子的整体轮廓，注意鞋头与鞋后跟线条的转折。

Step 02 用黑色毛笔覆盖铅笔线条。

Step 03 平铺鞋子的固有色。

Step 04 加深鞋子转折位置的颜色，然后画出图案的颜色与高光。

❸ 高跟鞋绘制步骤

Step 01 用铅笔画出鞋子的整体轮廓。

Step 02 用黑色毛笔覆盖铅笔线条，注意鞋头位置的虚实转折变化。

Step 03 平铺鞋子的固有色。

Step 04 画出鞋子的明色变化，突出鞋子的立体效果。

4.6.2 多款鞋子上色欣赏

鞋子是时装效果图里经常出现的配饰，也是在配饰表现里比较难画的物品。

第 5 章

服装局部的
表现

完美的服装由不同的局部构成，局部设计具有功能性和装饰性。服装局部款式的多样性也是服装款式多变的原因。

不同的服装局部展示了多种服装款式的变化。加强各个服装局部的绘制练习，能够更加快速地绘制服装效果图。

5.1.1 领子

不同的服装款式通常会搭配相应的领型。在表现领子的时候，除了结构上的变化，也要注意材质和领型对领子外观产生的影响。

❶ 领子的绘制步骤

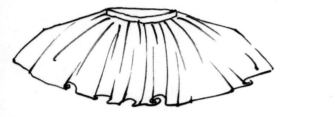

Step 01 勾勒出领子的形状。

Step 02 平铺领子的底色。

Step 03 画出领子的明暗变化及高光。

❷ 多款领型的表现

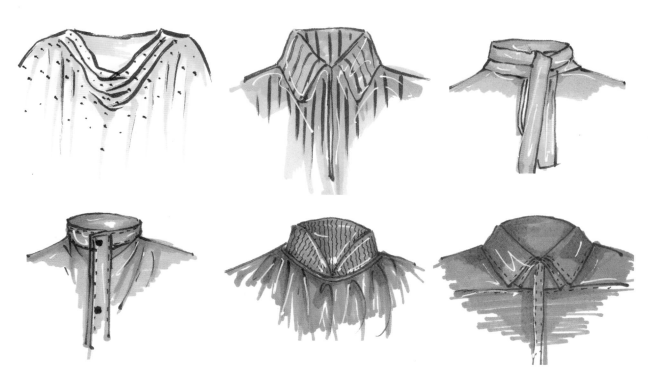

5.1.2 袖子

袖子是服装中最大面积的局部造型，袖子的形状在很大程度上决定了服装的廓形。

1 袖子的绘制步骤

Step 01 绘制出袖子的形状，注意袖子上线条的虚实变化。

Step 02 平铺袖子的底色。

Step 03 画出袖子的暗部颜色，注意用笔的转折变化。

2 多款袖子的表现

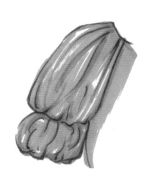

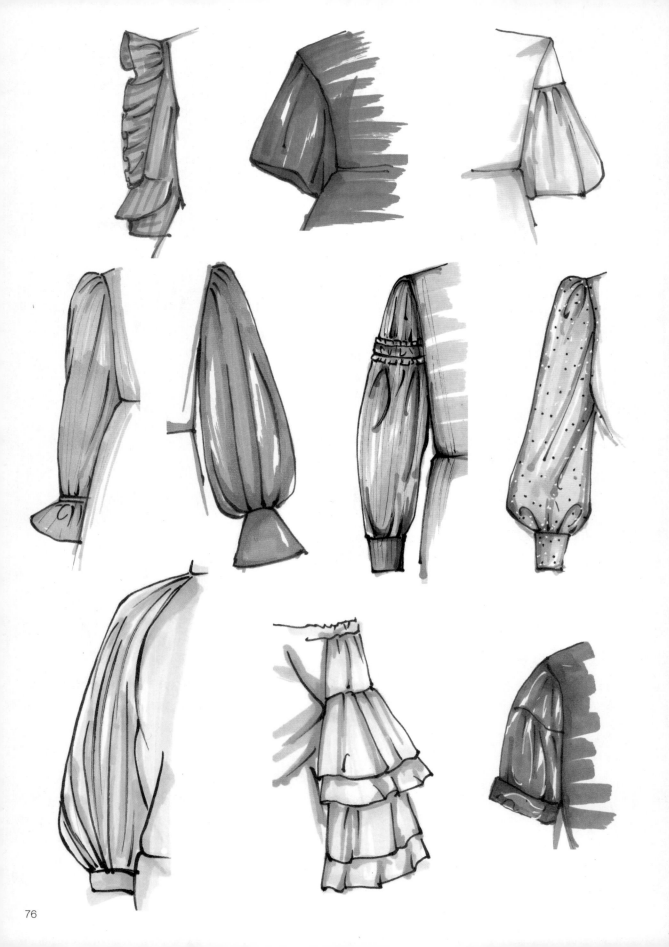

5.1.3　口袋

口袋是服装款式中经常出现的局部造型，能够丰富服装的层次感。

❶ 口袋的绘制步骤

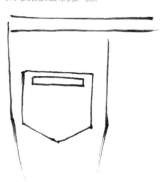

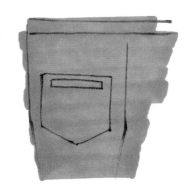

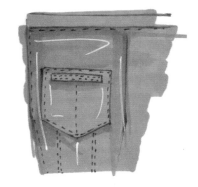

Step 01　勾勒出口袋的轮廓。

Step 02　平铺口袋的固有色。

Step 03　画出口袋的明暗变化以及装饰线条。

❷ 多款口袋的表现

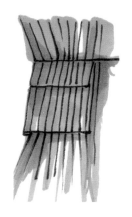

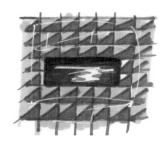

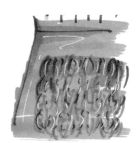

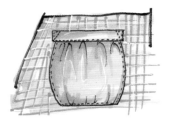

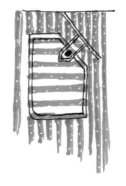

5.1.4 门襟

门襟的主要作用是通过扣子、拉链、褶皱线等将服装闭合起来。根据不同的工艺，门襟可以分为明门襟和暗门襟。

1 门襟的绘制步骤

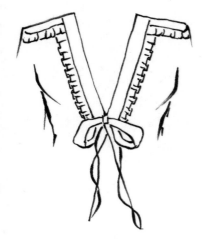  

Step 01 勾勒出门襟的轮廓。　　Step 02 平铺门襟的底色。　　Step 03 加深门襟暗部的颜色，画出亮部的高光。

2 多款门襟的表现

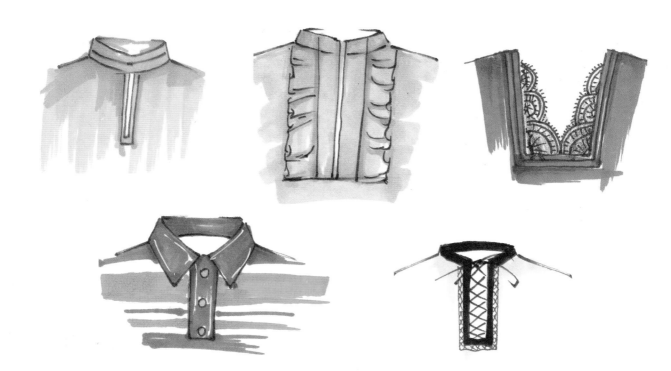

5.1.5　腰部

与其他局部相比，腰部的装饰主要起到塑造腰线的效果，使人体呈现出理想化的外形。

① 腰部的绘制步骤

Step 01 勾勒出腰部的轮廓。　　　Step 02 平铺腰部的底色。　　　Step 03 画出腰部的明暗变化及高光。

② 多款腰部的表现

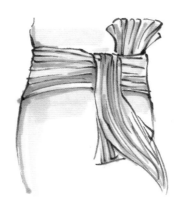

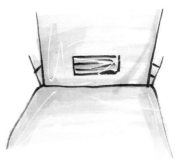

5.1.6 裤腿

裤腿的款式变化能够丰富服装的造型，裤腿的形状变化决定了服装的廓形表现。

① 裤腿的步骤绘制

Step 01 勾勒出裤腿的轮廓。

Step 02 画出裤腿的固有色。

Step 03 画出裤腿的明暗变化及细节。

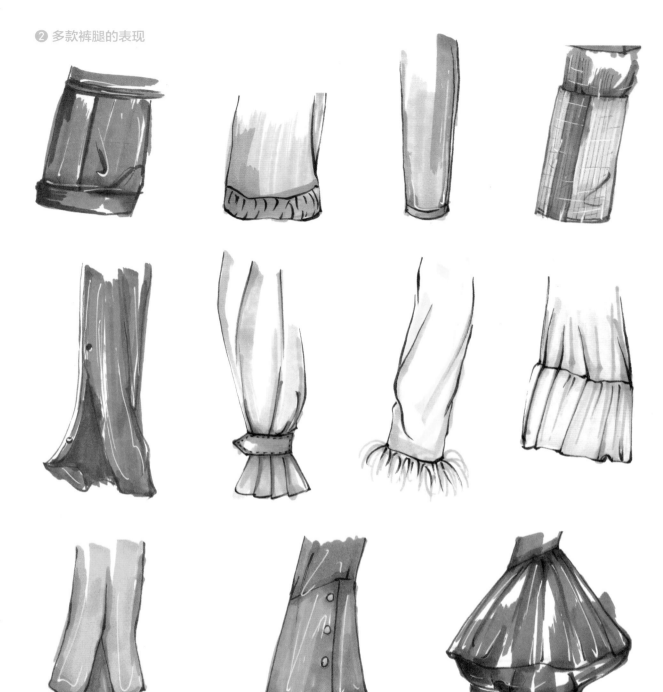

5.2 服装效果图细节的表现

服装效果图的细节处理，也是服装设计中的装饰细节处理，需要通过特定的工艺手段来表现。这些细节会丰富服装的整体视觉感。

5.2.1 钉珠

钉珠可以形成华丽而闪耀的效果，不同的珠片和不同色彩的珠宝能为设计起到画龙点睛的作用。

❶ 钉珠的绘制步骤

Step 01 勾勒出服装的轮廓和珠片的
位置。

Step 02 画出服装的明暗变化。

Step 03 画出珠片的颜色，同时点缀出
高光。

❷ 多款钉珠的表现

5.2.2 蕾丝

蕾丝的细节处理可以看作是特殊服装面料肌理的表现。精美的蕾丝花型能够增加服装的神秘感。

①蕾丝的绘制步骤

 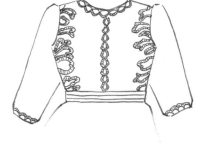 

Step 01 勾勒出服装的轮廓。　　　　Step 02 画出蕾丝的花型。　　　　Step 03 画出服装的明暗颜色。

②多款蕾丝的表现

   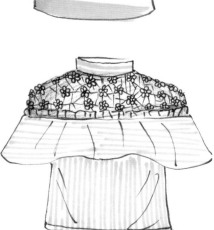 

5.2.3　线迹

线迹有很强的功能性，牛仔类的服饰和工装类的服饰都能看到各种各样的线迹表现。

❶ 线迹的绘制步骤

Step 01 勾勒出服装的轮廓并进行装饰线的处理。

Step 02 平铺服装的固有色。

Step 03 画出服装的明暗变化及线迹的处理。

❷ 多款线迹的表现

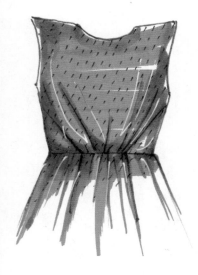 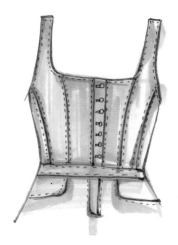 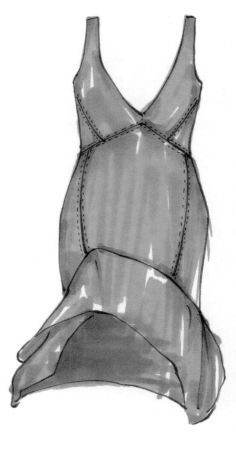

 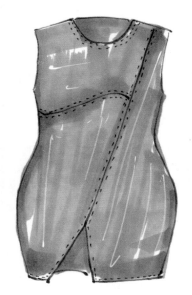

5.2.4 纽扣

在服装里，纽扣起到加固的作用，能够减少服装细节的移位。除功能上的用途之外，纽扣还具有装饰作用。

❶ 纽扣的绘制步骤

Step 01 画出服装的轮廓及纽扣的位置。　　Step 02 画出服装的固有色和纽扣的颜色。　　Step 03 加深服装暗部的颜色，点缀纽扣上的高光位置。

❷ 多款纽扣的表现

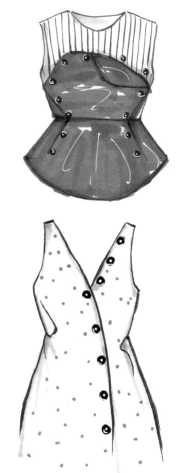

在马克笔时装画中，采用不同的绘制方法能够更加灵活地表现出褶皱的变化。

5.3.1　抽褶

抽褶的款式是不规律的，从固定线向外呈放射状发散。

❶ 抽褶的绘制表现

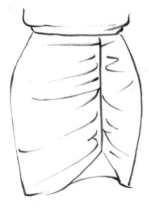  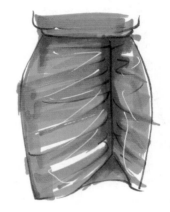

Step 01 勾勒出服装的轮廓及抽褶的线条。　　Step 02 画出服装的固有色。　　Step 03 画出服装的明暗变化及高光。

❷ 多款抽褶的表现

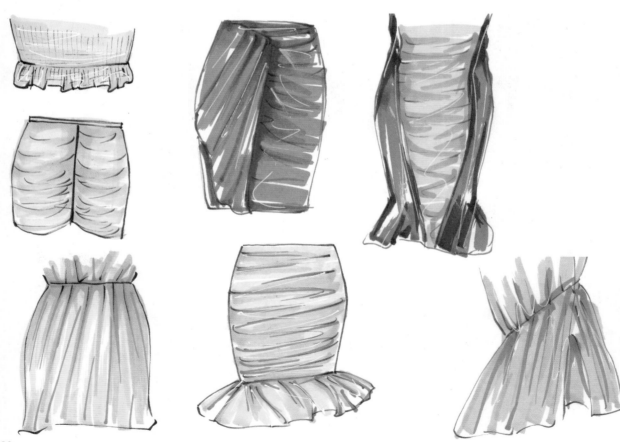

5.3.2　压褶

压褶又称"折叠褶"，通过机器加工的形式对面料进行定型而产生。

❶ 压褶的绘制步骤

Step 01 勾勒服装的轮廓。　　　　Step 02 平铺服装的底色。　　　　Step 03 画出服装的明暗变化。

❷ 多款压褶的表现

5.3.3　垂褶

垂褶是褶皱中最自然的形状，是悬挂的布料受重力的影响而产生的垂直向下的褶皱。

❶ 垂褶的绘制步骤

Step 01 勾勒出服装的轮廓。

Step 02 平铺服装的底色。

Step 03 画出服装的明暗变化。

❷ 多款垂褶的表现

5.3.4 层叠褶

层叠褶是服装中常用的造型手段。通过层叠的处理，能够增加面料的厚度和挺括。

① 层叠褶的绘制步骤

Step 01 勾勒出服装的轮廓。　　　Step 02 平铺服装的底色。　　　Step 03 画出服装的明暗变化和高光。

② 多款层叠褶的表现

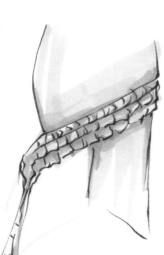  

5.3.5 缠绕褶

缠绕褶是服装上最早出现的褶皱形式，呈不规律排列的弧形。

① 缠绕褶的绘制步骤

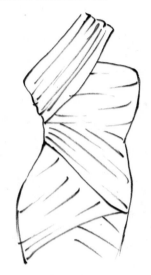  

Step 01 勾勒出服装的轮廓。　　　Step 02 画出服装的固有色。　　　Step 03 画出服装的明暗表现并点缀
　　　　　　　　　　　　　　　　　　　　　　　　　　　　　　　　　高光。

② 多款缠绕褶的表现

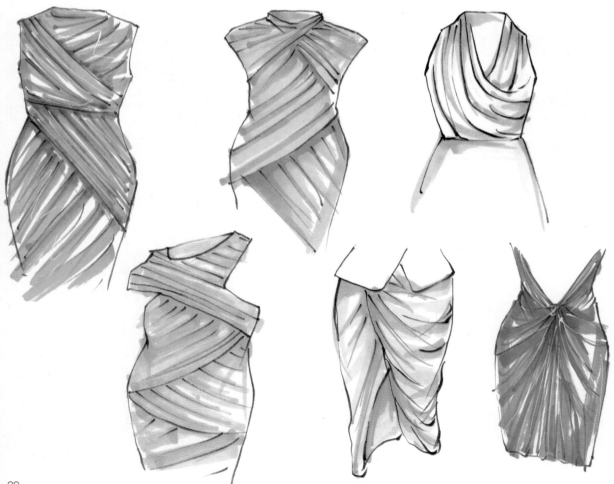

第 6 章

服装面料
的表现

服装的面料材质决定不同的时装画效果图风格。面料质感的表现在
时装画里面占据很大的位置，能够更加直观地表达服装的特点，丰
富画面的美感。

图案面料是指第二次染印加工或者电脑印花等程序完成后的面料材质。图案面料给人一种比较轻快、更加丰富的视觉效果。

6.1.1 格纹图案面料

格纹图案的款式比较丰富，格纹图案大致分为苏格兰格纹、巴宝莉格纹、维希格纹等。

格纹图案面料的绘制步骤如下。

❶ 用铅笔画出格纹的框架，再画出横条纹的颜色。

❷ 画出竖条纹的颜色。

❸ 点缀高光，丰富画面的层次感。

Step 01 用铅笔画出模特着装的外轮廓及动态表现。

Step 02 细致刻画人体的五官表现和服装内部细节的线条处理，注意手提包的空间表现。

Step 03 用棕色的针管笔画出五官及人体的轮廓，再用黑色毛笔画出服装的轮廓，用 TOUCH 132 号色 ● 马克笔平铺皮肤的底色，再用 TOUCH 100 号色 ● 画出头发的固有色。

Step 04 用 TOUCH 139 号色 ● 马克笔加深皮肤的暗部色区，然后用 TOUCH 102 号色 ● 马克笔加深头发的阴影位置，再用 TOUCH 102 号色 ● 马克笔加深头发的阴影，丰富头发的层次感。

Step 05 面部妆容的颜色处理，先画出眼部及嘴唇的固有色，再用 TOUCH 32 号色 ● 马克笔画出眼影的颜色，注意眼尾的颜色处理比较深，能够增加眼部的深邃感。

Step 06 从局部开始上色，用 TOUCH 21 号色●马克笔画出腰带的固有色，再用 TOUCH 31 号色●马克笔加深腰带的暗部颜色。

Step 07 用 TOUCH 144 号色●马克笔画出格纹图案的基本线条。

Step 08 分别用 TOUCH 11 号色●和 TOUCH 62 号色●马克笔画出格纹的横条纹和竖条纹的颜色，再用 TOUCH WG 2 号色●马克笔加深暗部的颜色。

Step 09 用 TOUCH WG4 号色 ● 马克笔再一次加深衣服的褶皱颜色，再用 TOUCH 5 号色●和 TOUCH 50 号色●马克笔再一次加深格纹的颜色。

Step 10 画出手提包的颜色，用TOUCH 11 号色●马克笔平铺包的固有色，再用 TOUCH 5 号色●克笔加深包的暗部色区。

Step 11 用 TOUCH 120 号色●马克笔画出鞋子的固有色，再用高光笔提亮衣服和手提包的高光。

6.1.2 条纹图案面料

条纹图案面料也是常见的图案面料之一，不同变化的条纹面料也能形成不同的艺术风格。

条纹图案面料的绘制步骤如下。

❶ 画出条纹的固有色。

❷ 用深色加深条纹一侧的颜色。

❸ 点缀条纹的高光。

Step 01 先画出人体的动态表现，再画出服装的外轮廓。

Step 02 细致刻画面部的装饰和五官的细节，再画出服装内部的线条处理以及手提包的表现。

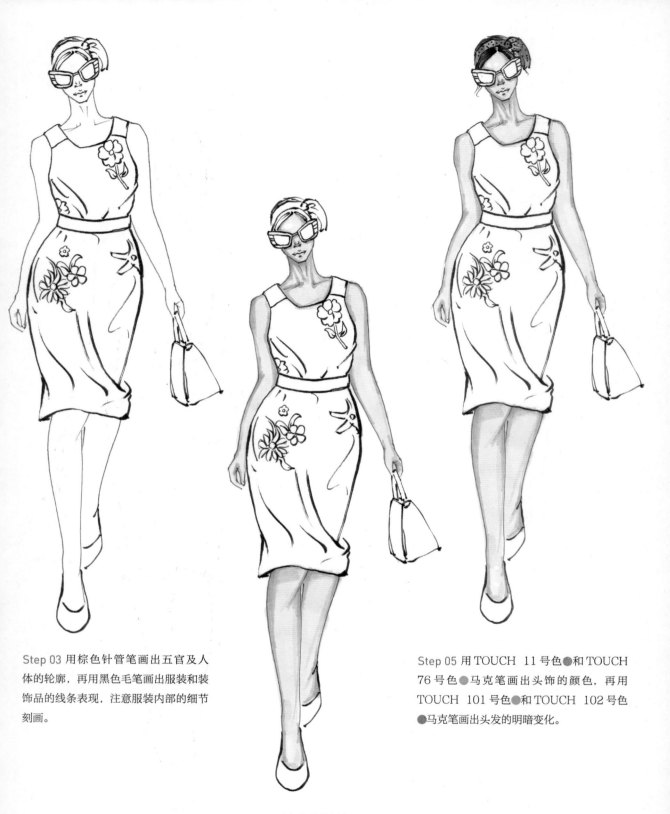

Step 03 用棕色针管笔画出五官及人体的轮廓，再用黑色毛笔画出服装和装饰品的线条表现，注意服装内部的细节刻画。

Step 05 用 TOUCH 11 号色●和 TOUCH 76 号色●马克笔画出头饰的颜色，再用 TOUCH 101 号色●和 TOUCH 102 号色●马克笔画出头发的明暗变化。

Step 04 画出皮肤的颜色，用 TOUCH 29 号色 马克笔平铺皮肤的底色，再用 TOUCH 28 号色●马克笔加深皮肤的暗部颜色。

Step 06 用TOUCH 11号色●马克笔画出眼镜的边框颜色，再用TOUCH CG9号色●和TOUCH 120号色●马克笔画出镜片的明暗变化。

Step 07 画出衣服本身的装饰颜色，注意明暗变化。

Step 08 用TOUCH 11号色●马克笔画出条纹的固有色，再用TOUCH 120号色●马克笔画出肩带的颜色。

Step 09 用 TOUCH 5 号色●画出裙子的暗部颜色，再一次用 TOUCH 4 号色●加深暗部颜色，丰富画面的层次感。

Step 11 用 TOUCH 120 号色●马克笔画出鞋子的固有色，再用高光笔提亮衣服和手提包的高光。

Step 10 用 TOUCH 11 号色●马克笔画出手提包的固有色。

6.1.3 印花图案面料

印花图案面料有着丰富的层次感、图案具有多样性。

印花图案的绘制步骤如下。

① 用黑色毛笔画出印花的图案。

② 先画出与黄色印花同色系的颜色。

③ 画出紫色印花同色系的颜色，再画出蓝色的背景色。

Step 01 用铅笔画出模特的动态姿势，再画出服装的外轮廓。

Step 02 细致刻画服装内部的印花图案表现，并画出五官的线条。

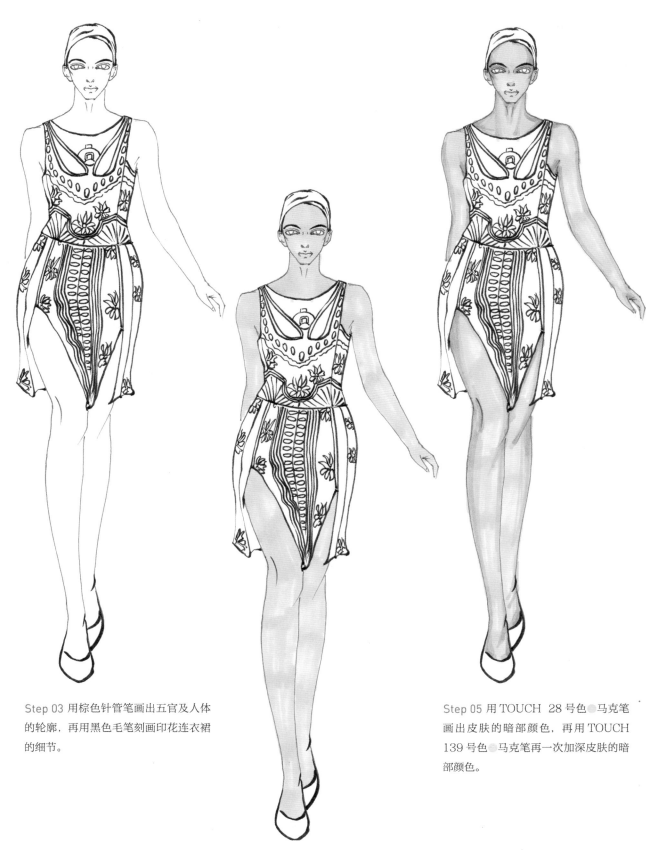

Step 03 用棕色针管笔画出五官及人体的轮廓，再用黑色毛笔刻画印花连衣裙的细节。

Step 04 用TOUCH 29号色 马克笔平铺皮肤的底色。

Step 05 用TOUCH 28号色●马克笔画出皮肤的暗部颜色，再用TOUCH 139号色●马克笔再一次加深皮肤的暗部颜色。

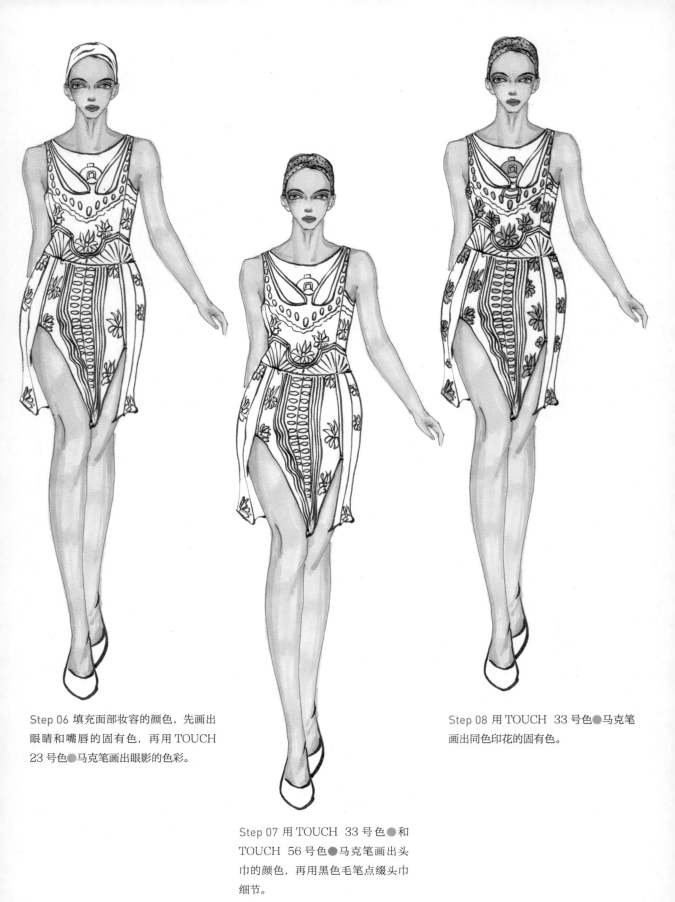

Step 06 填充面部妆容的颜色，先画出眼睛和嘴唇的固有色，再用 TOUCH 23 号色●马克笔画出眼影的色彩。

Step 07 用 TOUCH 33 号色●和 TOUCH 56 号色●马克笔画出头巾的颜色，再用黑色毛笔点缀头巾细节。

Step 08 用 TOUCH 33 号色●马克笔画出同色印花的固有色。

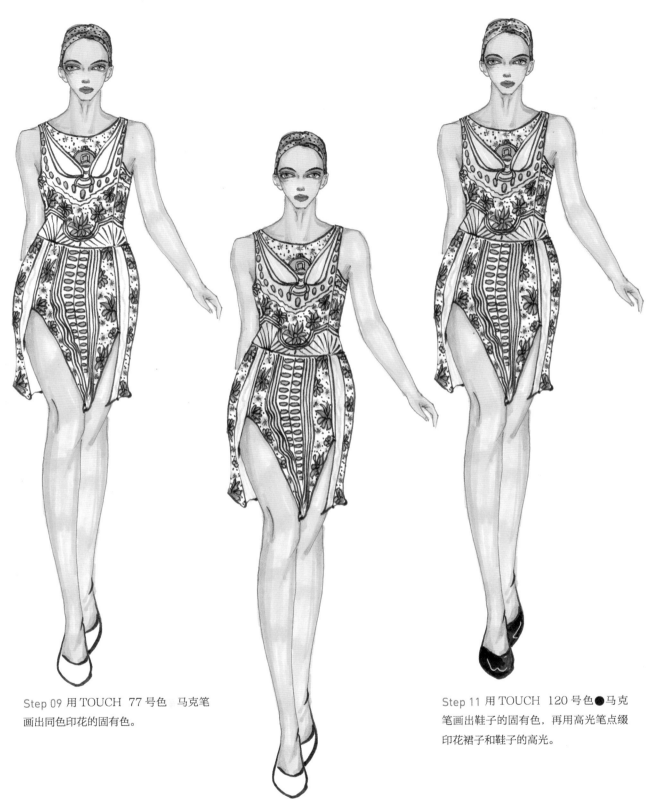

Step 09 用 TOUCH 77 号色 马克笔
画出同色印花的固有色。

Step 10 再用 TOUCH 67 号色● 马克
笔画出印花图案的底色。

Step 11 用 TOUCH 120 号色●马克
笔画出鞋子的固有色，再用高光笔点缀
印花裙子和鞋子的高光。

6.1.4 点图案面料

圆点图案面料有着其独特的俏皮感和艺术风格，能够丰富服装的视觉效果。

圆点图案的绘制步骤如下。

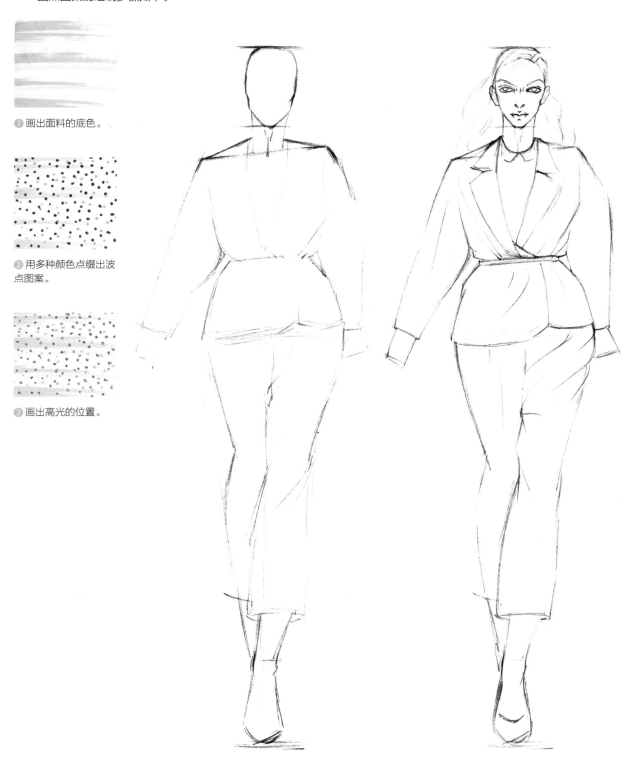

❶ 画出面料的底色。

❷ 用多种颜色点缀出波点图案。

❸ 画出高光的位置。

Step 01 先画出模特的动态姿势，再画出服装的外轮廓。

Step 02 细致刻画出五官和头发的线条表现，再画出服装的内部细节线条。

Step 03 用棕色针管笔画出五官和人体的轮廓，再用黑色毛笔画出头发及服装轮廓。

Step 04 用 TOUCH 132 号色　马克笔平铺人体的底色。

Step 05 用 TOUCH 28 号色●马克笔画出人体的暗部颜色，再用 TOUCH 139 号色●马克笔再一次加深暗部的颜色。

Step 06 用 TOUCH 100 号色●马克笔平铺头发的固有色，再用 TOUCH 102 号色●马克笔加深头发的暗部颜色。

Step 07 画出面部妆容的颜色，先画出眼部和嘴唇的固有色，再用 TOUCH 18 号色●马克笔画出眼影的颜色表现。

Step 08 用 TOUCH WG1 号色●马克笔画出内搭衬衣的颜色。

Step 09 用 TOUCH 142 号色●平铺
服装的底色，再用 TOUCH 31 号色●
马克笔加深衣服暗部的颜色。

Step 11 用 TOUCH 120 号色●马克
笔画出鞋子的固有色，再用高光笔画出
高光的位置。

Step 10 用 TOUCH 11 号色●和
TOUCH 62 号色●以及 TOUCH
33 号色●马克笔画出波点的图案。

6.1.5 豹纹图案面料

豹纹图案面料是抓住某种动物的皮毛特点，进行的第二次面料加工形成的图案面料。

豹纹图案的绘制如下。

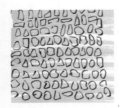

① 平铺底色，再画出豹纹的图案。

② 画出豹纹的固有色。

③ 加深底色，再画出高光。

Step 01 先画出模特的动态表现，再画出服装和鞋子的外轮廓。

Step 02 细致刻画面部五官及头发的线条，再画出服装的内部细节。

Step 03 用棕色针管笔画出五官的线条，再用黑色毛笔画出头发和服装的线条，注意内部线条的虚实变化。

Step 04 用 TOUCH 132 号色　马克笔平铺皮肤的底色，再用 TOUCH 28 号色 马克笔加深皮肤的暗部颜色。

Step 05 用 TOUCH 100 号色 马克笔平铺头发的固有色，再用 TOUCH 102 号色 马克笔加深头发的暗部颜色。

Step 06 填充面部的妆容颜色，先画出眼睛和嘴唇的固有色，再用TOUCH 32号色●马克笔画出眼影的颜色。

Step 07 用TOUCH CG9号色●马克笔画出内搭服装底色，再用TOUCH 120号色●马克笔加深内搭的暗部颜色。

Step 08 画出豹纹外套的颜色，用TOUCH 142号色●马克笔平铺外套的底色，再用TOUCH 120号色●马克笔画出豹纹的图案颜色。

Step 09 用 TOUCH 31 号色●马克笔
画出外套的暗部颜色，注意用笔的转折
变化。

Step 10 用 TOUCH WG1 号色●马克
笔平铺半裙的底色，再用 TOUCH WG3
号色●马克笔画出半裙的暗部颜色。

Step 11 用 TOUCH 62 号色●和 TOUCH
50 号色●马克笔画出靴子的明暗变化，再
用高光笔画出衣服和鞋子的高光 。

6.1.6　斑马纹图案面料

斑马纹图案面料也是根据动物的皮毛特点，进行第二次面料加工形成的。

斑马纹图案的绘制如下。

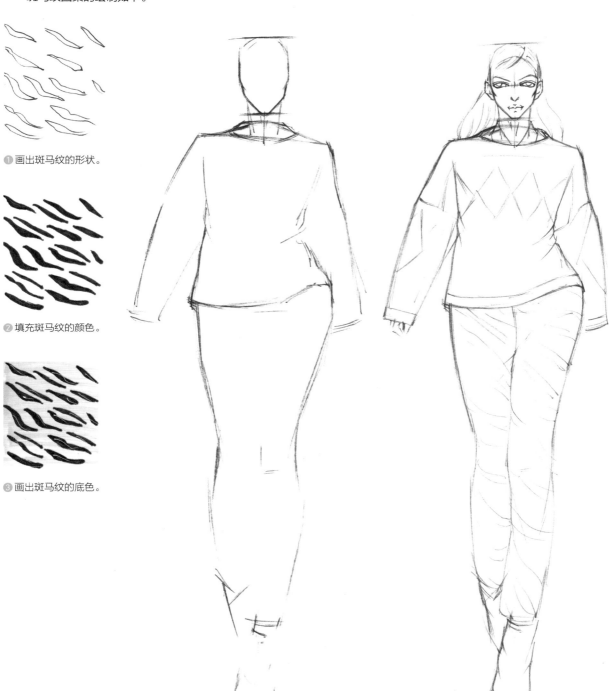

①画出斑马纹的形状。

②填充斑马纹的颜色。

③画出斑马纹的底色。

Step 01 先画出人体的动态表现，再画出服装的外轮廓。

Step 02 细致刻画面部五官和头发的线条，再画出服装内部的细节。

Step 03 用棕色针管笔画出五官的线条，再用黑色毛笔画出头发和服装的线条，注意内部线条的虚实变化。

Step 04 先用TOUCH 132号色 马克笔画出皮肤的底色，再用TOUCH 139号色●马克笔画出皮肤的暗部颜色。

Step 05 用TOUCH 100号色 ●和TOUCH 102号色●马克笔画出头发的明暗变化，再用黑色针管笔刻画头发发丝的表现。

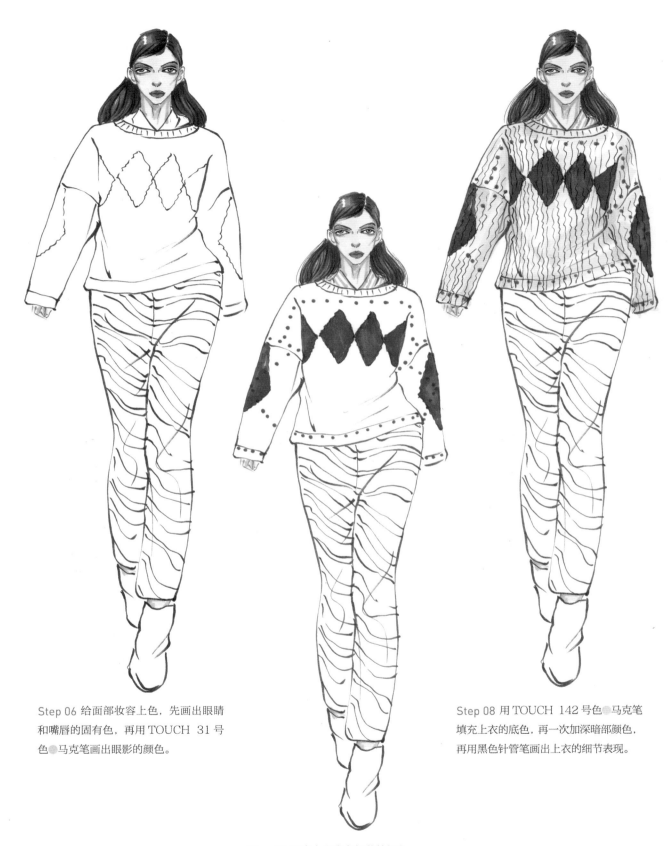

Step 06 给面部妆容上色，先画出眼睛和嘴唇的固有色，再用 TOUCH 31 号色⬤马克笔画出眼影的颜色。

Step 08 用 TOUCH 142 号色⬤马克笔填充上衣的底色，再一次加深暗部颜色，再用黑色针管笔画出上衣的细节表现。

Step 07 画出上衣本身细节的颜色。

Step 09 用 TOUCH 120 号色●马克笔画出斑马纹的颜色。

Step 10 用 TOUCH WG1 号色●马克笔画出裤子的底色，再用 TOUCH WG3 号色●马克笔加深裤子的暗部颜色。

Step 11 用 TOUCH 120 号色●马克笔画出鞋子的固有色，再用高光笔提亮衣服和鞋子的高光位置。

服装面料质感的表现能够增加画面的真实美感，更加直观的表现时装的特点。

6.2.1 丹宁面料

丹宁面料是一种质地紧密、厚实、耐磨性强的面料，最大的特点是表面的斜纹纹理。

丹宁面料的绘制步骤如下。

❶ 平铺底色。

❷ 加深底色。

❸ 画出丹宁面料的质感。

Step 01 先画出模特的动态表现，然后画出服装的外轮廓。

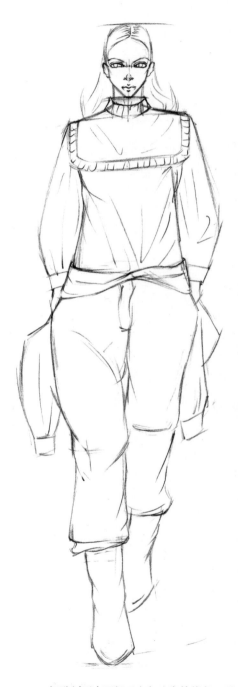

Step 02 细致刻画出面部五官与头发的线条，再画出衣服内部褶皱线条的表现。

Step 03 用棕色针管笔画出五官的线条，再用黑色毛笔画出头发和服装的线条，注意内部线条的虚实变化。

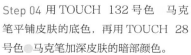

Step 04 用 TOUCH 132 号色 马克笔平铺皮肤的底色，再用 TOUCH 28 号色●马克笔加深皮肤的暗部颜色。

Step 05 用 TOUCH 95 号色●和 TOUCH 98 号色●马克笔画出头发的明暗变化，再用黑色针管笔勾勒发丝的表现。

Step 06 画出面部妆容的表现，先画出眼睛和嘴唇的固有色，再用 TOUCH 102 号色●马克笔画出眼影的颜色。

Step 07 用 TOUCH 144 号色●马克笔平铺上衣的底色。

Step 08 用 TOUCH 76 号色●马克笔加深上衣的底色。

Step 09 用 TOUCH 70 号色●马克笔平铺裤子的底色，再用 TOUCH 72 号色●马克笔加深裤子的暗部颜色，注意用笔的转折变化。

Step 10 用黑色针管笔画出裤子的内部细节，再用 TOUCH 2 号色●马克笔画出鞋子的固有色。

Step 11 用 TOUCH 1 号色●马克笔加深鞋子的暗部颜色，再用高光笔画出裤子和鞋子的高光。

6.2.2 雪纺面料

雪纺面料，顾名思义是各种轻、薄、透等面料的总称，不同的雪纺面料根据质地的不同会形成不同的外观效果。
雪纺面料的绘制步骤如下。

❶ 平铺底色。

❷ 加深底色。

❸ 画出高光。

Step 01 画出模特的动态表现。

Step 02 细致刻画面部五官和头发的线条，再画
出裙子的整体线条。

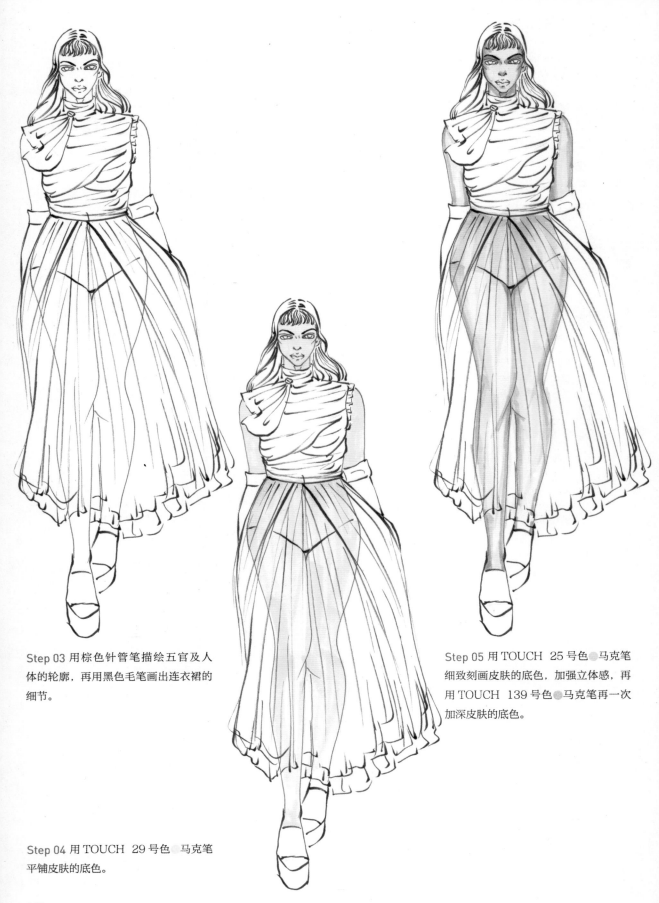

Step 03 用棕色针管笔描绘五官及人体的轮廓，再用黑色毛笔画出连衣裙的细节。

Step 04 用 TOUCH 29 号色 马克笔平铺皮肤的底色。

Step 05 用 TOUCH 25 号色 马克笔细致刻画皮肤的底色，加强立体感，再用 TOUCH 139 号色 马克笔再一次加深皮肤的底色。

Step 06 用 TOUCH 33 号色●和 TOUCH 31 号色●马克笔画出头发的明暗颜色。

Step 07 填充面部妆容的颜色，先画出眼睛和嘴唇的固有色，再用 TOUCH 18 号色●马克笔画出眼影的色彩。

Step 08 用 TOUCH 18 号色 ●和 TOUCH 7 号色●马克笔画出手套的明暗变化。

Step 09 用 TOUCH 62 号色●马克笔画出连衣裙的固有色，注意用笔的转折表现。

Step 10 用 TOUCH 50 号色●马克笔加深连衣裙的暗部颜色。

Step 11 用 TOUCH 21 号色●和 TOUCH 95 号色●马克笔画出鞋子的固有色，再用高光笔画出裙子和鞋子的高光。

6.2.3 蕾丝面料

蕾丝面料的质地比较柔软，耐磨性较强，花型复杂多变。

蕾丝面料的绘制步骤如下。

❶ 画出蕾丝的形状。

❷ 加深蕾丝的细节线条。

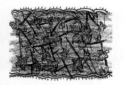

❸ 画出蕾丝面料的底色。

Step 01 画出模特的动态表现。

Step 02 细致刻画面部五官和头发的线条，再画出裙子的内部整体线条。

Step 03 用棕色针管笔画出五官及人体的
轮廓，再用黑色毛笔画出连衣裙的细节。

Step 05 先画出头饰的颜色表现，然后
用 TOUCH 95 号色●马克笔画出头发
的固有色，再用黑色针管笔画出头发的
发丝。

Step 04 先用 TOUCH 132 号色 马
克笔画出皮肤的底色，再用 TOUCH
139 号色●马克笔画出皮肤的暗部颜色。

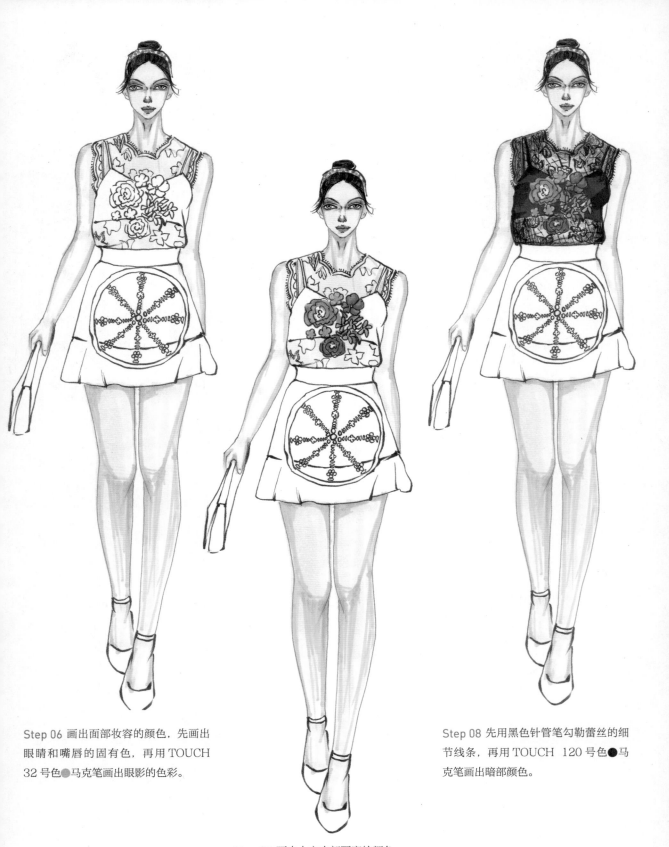

Step 06 画出面部妆容的颜色，先画出眼睛和嘴唇的固有色，再用 TOUCH 32 号色●马克笔画出眼影的色彩。

Step 07 画出上衣内部图案的颜色。

Step 08 先用黑色针管笔勾勒蕾丝的细节线条，再用 TOUCH 120 号色●马克笔画出暗部颜色。

Step 09 填充半裙的内部装饰图案的颜色。

Step 10 用 TOUCH 120 号色●马克
笔画出半裙的固有色。

Step 11 用 TOUCH 120 号色●马克
笔画出鞋子和手拿包的固有色，再用高
光笔画出衣服和鞋子的高光。

6.2.4 亚麻面料

亚麻面料具有抗过敏、防静电等特点，亚麻面料的吸湿性好，是适合四季穿着的面料。

亚麻面料的绘制步骤如下。

① 平铺底色。

② 画出内部细节。

③ 画出高光。

Step 01 先画出模特的动态表现，再画出服装的
外轮廓。

Step 02 细致刻画出面部五官与头发的线条，再
画出衣服内部褶皱线条的表现。

Step 03 用棕色针管笔画出五官的线
条，再用黑色毛笔画出头发和服装的线
条，注意内部线条的虚实变化。

Step 05 画出面部妆容的颜色，先画出
眼睛和嘴唇的固有色，再用 TOUCH
18 号色●马克笔画出眼影的色彩。

Step 04 用 TOUCH 132 号色 马克
笔平铺皮肤的底色，再用 TOUCH 28
号色●马克笔加深皮肤的暗部颜色。

Step 06 用 TOUCH 95 号 色 ● 和 TOUCH 98 号色●马克笔画出头发的明暗变化,再用黑色针管笔勾勒发丝。

Step 07 画出上衣本身的装饰颜色。

Step 08 用 TOUCH 144 号色●马克笔平铺上衣的底色,再用 TOUCH 76 号色●马克笔画出上衣的暗部颜色。

Step 09 用 TOUCH WG1 号色●马克笔平铺裙子的底色，再用 TOUCH WG3 号色●马克笔加深裙子的暗部颜色。

Step 11 用 TOUCH 50 号色●马克笔画出鞋子的固有色，再用高光笔画出衣服和鞋子的高光。

Step 10 用 TOUCH WG5 号色●马克笔画出半裙褶皱的暗部颜色，再用黑色针管笔画出裙子的细节。

6.2.5 针织面料

针织面料的基本构成是线圈结构，质地比较柔软，面料的弹性较大。

针织面料的绘制步骤如下。

❶平铺底色。

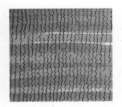

❷加深底色，再画出内部细节。

❸画出高光。

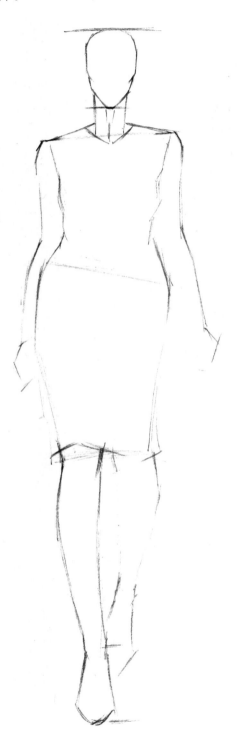

Step 01 先画出人体的动态表现，再画出服装的外轮廓。

Step 02 细致刻画面部五官和头发的线条，再画出服装内部的细节。

Step 03 用棕色针管笔画出五官的线条，再用黑色毛笔画出头发和服装的线条，注意内部线条的虚实变化。

Step 04 用 TOUCH 132 号色 马克笔平铺皮肤的底色，再用 TOUCH 28 号色 马克笔加深皮肤的暗部颜色。

Step 05 用 TOUCH100 色号●和 TOUCH 102 号色●马克笔画出头发的明暗变化，再用黑色针管笔画出头发发丝的表现。

Step 06 画出面部妆容的颜色，先画出眼睛和嘴唇的固有色，再用 TOUCH 31 号色●马克笔画出眼影的颜色。

Step 07 用 TOUCH 31 号色●和 TOUCH 76 号色●马克笔画出衣服内部的细节颜色。

Step 08 用 TOUCH 22 号色●马克笔平铺衣服的底色。

Step 09 用 TOUCH 5 号色●马克笔加深衣服的暗部颜色，注意用笔的转折变化。

Step 10 用黑色针管笔画出衣服的细节。

Step 11 用 TOUCH 120 号色●马克笔画出鞋子的固有色，再用高光笔画出衣服和鞋子的高光。

6.2.6 毛呢面料

毛呢面料属于粗呢面料，质地偏厚实，用毛呢面料制作的服装外形非常挺括。

毛呢面料的绘制步骤如下。

① 平铺底色。

② 加深底色。

③ 画出细节和高光。

Step 01 先画出人体的动态表现，再画出服装的外轮廓。

Step 02 细致刻画面部五官和头发的线条，再画出服装内部的细节。

Step 03 用棕色针管笔画出五官的线条，再用黑色毛笔画出头发和服装的线条，注意内部线条的虚实变化。

Step 05 用 TOUCH 100 号色 ● 和 TOUCH 102 号色●马克笔画出头发的明暗变化。

Step 04 用 TOUCH 132 号色 ●马克笔平铺皮肤的底色，再用 TOUCH 28 号色 ● 马克笔加深皮肤的暗部颜色。

148

Step 06 用 TOUCH 120 号色●马克笔
画出手拿包的固有色。

Step 07 给面部妆容上色，先画出眼睛
和嘴唇的固有色，再用 TOUCH 31 号
色●马克笔画出眼影的颜色。

Step 08 用 TOUCH 11 号色●马克笔
平铺上衣的底色。

Step 09 用 TOUCH 5 号色●马克笔加深衣服的暗部颜色，再用红色针管笔画出上衣的内部细节。

Step 10 用 TOUCH WG1 号色●马克笔画出半裙的暗部颜色，亮部之间留白。

Step 11 用 TOUCH 120 号色●马克笔画出鞋子的固有色，再用高光笔画出衣服和鞋子的高光。

6.2.7 皮革面料

皮革面料表面具有自然的纹理和光泽效果，手感挺括，具有较好的透气性。

皮革面料的绘制步骤如下。

❶ 平铺底色。

❷ 加深明暗变化。

❸ 画出高光。

Step 01 先画出模特的动态表现，再画出服装的外轮廓。

Step 02 细致刻画出面部五官与头发的线条，再画出衣服内部褶皱的线条表现。

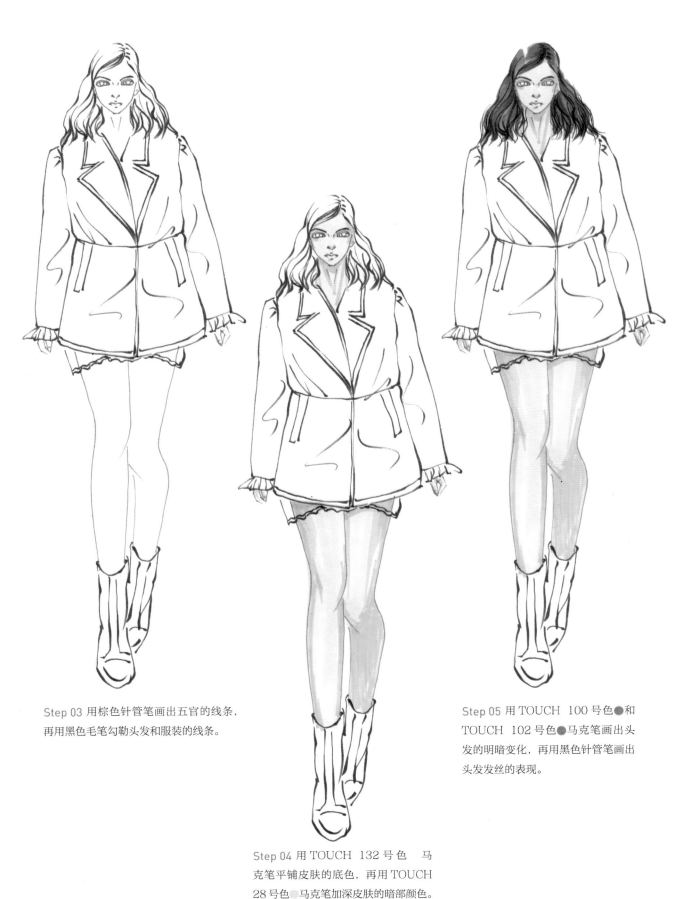

Step 03 用棕色针管笔画出五官的线条，再用黑色毛笔勾勒头发和服装的线条。

Step 04 用 TOUCH 132 号色 马克笔平铺皮肤的底色，再用 TOUCH 28 号色●马克笔加深皮肤的暗部颜色。

Step 05 用 TOUCH 100 号色●和 TOUCH 102 号色●马克笔画出头发的明暗变化，再用黑色针管笔画出头发发丝的表现。

Step 06 画出面部妆容的颜色，先画出眼睛和嘴唇的固有色，再用 TOUCH 18 号色 ●马克笔画出眼影的色彩。

Step 07 用黑色针管笔刻画内搭蕾丝衣服的细节。

Step 08 用 TOUCH CG9 号色 ●马克笔画出外套的暗部位置。

Step 09 用 TOUCH 120 号色●马克
笔平铺衣服的颜色，亮部之间留白。

Step 10 用 TOUCH CG9 号色●马克
笔画出鞋子的底色，再用 TOUCH 120
号色●马克笔加深衣服的暗部颜色。

Step 11 用 TOUCH 120 号色●马克
笔加深鞋子的暗部颜色，再用高光笔画
出衣服和鞋子的高光。

6.2.8 皮草面料

皮草面料的外观比较丰富，具有保暖的作用。

皮草面料的绘制步骤如下。

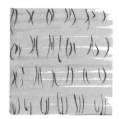

❶ 平铺底色，画出大概
的线条表现。

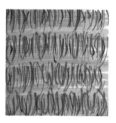

❷ 丰富皮草面料的线
条表现。

❸ 画出高光。

Step 01 先画出模特的动态表现，再画出服装的
外轮廓。

Step 02 细致刻画出面部五官与头发的线条，再
画出衣服内部线条的表现。

Step 03 用棕色针管笔画出五官的线条，再用黑色毛笔画出头发和服装的线条。

Step 05 用 TOUCH 95 号色●和 TOUCH 98 号色●马克笔画出头发的明暗变化，再用黑色针管笔勾勒发丝的表现。

Step 04 用 TOUCH 132 号色 马克笔平铺皮肤的底色，再用 TOUCH 28 号色 马克笔加深皮肤的暗部颜色。

Step 06 画出面部妆容的颜色，先画出眼睛和嘴唇的固有色，再用 TOUCH 31 号色● 马克笔画出眼影的色彩。

Step 07 用 TOUCH 22 号色● 马克笔平铺上衣的底色，再用 TOUCH 120 号色● 马克笔画出腰带的固有色。

Step 08 用 TOUCH 11 号色● 和 TOUCH 2 号色● 马克笔画出皮草面料的线条。

Step 09 用 TOUCH 1 号色●马克笔再次加深上衣的暗部位置。

Step 10 用 TOUCH 11 号色●马克笔画出裤子的底色，再用 TOUCH 15 号色●马克笔加深裤子的暗部颜色。

Step 11 用 TOUCH 5 号色●马克笔再次加深裤子的暗部颜色，再用高光笔画出衣服的高光。

第 7 章

时装绘制技法的综合表现

时装画绘制技法主要表现在时装款式上面，时装款式是服装设计表达方式的基础，通过面料、基本造型以及轮廓等方面展现出来。时装技法的把握，能够绘制出不同风格的时装效果图。

女装款式丰富多变，不同的服装可以搭配不同的妆容来表现人物的表情状态。女装的款式较丰富，在绘制过程中，主要把握好整体的人物着装的造型表现。

7.1.1 吊带

吊带比较适合夏季的着装，性感而不失时髦品味。吊带的款式搭配也非常丰富，从单一的吊带上衣演变为吊带裙等多种款式。

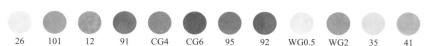

| 26 | 101 | 12 | 91 | CG4 | CG6 | 95 | 92 | WG0.5 | WG2 | 35 | 41 |

Step 01 用铅笔画出人体着装的线稿表现，注意人体动态与衣服之间产生的变化。

Step 02 用黑色毛笔覆盖铅笔的线稿，注意服装之间的虚实变化表现。

Step 03 用肉色马克笔画出人体的暗部颜色，然后用 TOUCH 101号色●马克笔画出眼睛的颜色，再用 TOUCH 12 号色●马克笔画出嘴唇的颜色，注意眼睛和嘴唇的明暗变化。

Step 04 选择 TOUCH 101号色●马克笔平铺头发的底色，再用 TOUCH 91 号色●马克笔加深头发的暗部颜色，注意用笔的转折变化，亮部可以直接留白，最后再用黑色针管笔画出发丝的表现。

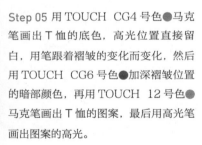

Step 05 用TOUCH CG4 号色●马克笔画出 T 恤的底色，高光位置直接留白，用笔跟着褶皱的变化而变化，然后用TOUCH CG6 号色●加深褶皱位置的暗部颜色，再用 TOUCH 12 号色●马克笔画出 T 恤的图案，最后用高光笔画出图案的高光。

Step 06 该款裙子随着人体走动而产生的横截面的褶皱表现，先用 TOUCH 101 号色●马克笔沿着褶皱的方向画出吊带裙的底色，然后用 TOUCH 95 号色●马克笔画出吊带裙的暗部颜色，暗部色区随着褶皱的变化进行上色，注意用笔的转折关系，再用 TOUCH 92 号色 ●马克笔再次加深吊带裙的暗部颜色，丰富吊带裙的层次关系表现，最后用高光笔画出吊带裙的高光颜色。

Step 07 手中拿着的长款装饰物品为次要的表现，可以简单一笔带过，丰富整体的画面视觉感。先用 TOUCH WG0.5 号色●画出装饰物的颜色，再用 TOUCH WG 2 号色●加深装饰物的暗部颜色，用 TOUCH 35 号色●马克笔平铺鞋子的底色，再用 TOUCH 41 号色●马克笔加深鞋子的暗部颜色，最后用黑色针管笔画出鞋子的细节表现。

7.1.2 T恤

　　T恤是夏季人们最喜爱的服装之一，随着T恤的时尚元素越来越成熟，T恤也已经成为服装的百搭款，一年四季都可以作为着装搭配，也是时装画里面最常见到的时装款式之一。

25　120　1　135　BG3　45　28　24　183　42　12　35　76　CG0.5　101　91　95

Step 01 用铅笔勾勒出人体着装的表现，注意人体动态腿部的前后关系和手拿包的空间变化表现。

Step 02 用黑色马克笔覆盖铅笔的线稿颜色，注意头发的虚实线条变化以及T恤细节设计的线条表现。

Step 03 用 TOUCH 25 号色●马克笔画出皮肤的暗部颜色。进行人体肤色上色时，白皮肤的颜色亮部可以采用直接留白的方式表现出来，再用 TOUCH 25 号色●马克笔再次加深暗部的肤色颜色。

Step 04 用 TOUCH 101 号色 ● 和 TOUCH 120 号色 ● 马克笔画出眼睛的颜色，用 TOUCH 12 号色 ● 和 TOUCH1 号色 ● 马克笔画出嘴唇的颜色，然后用 TOUCH 135 号色 ● 马克笔画出面部妆容的阴影表现，再用黑色针管笔加深眼眶的颜色，最后用高光笔画出眼睛和嘴唇的高光。

Step 05 用 TOUCH 101 号色 ● 马克笔平铺头发的底色，高光位置直接留白，然后用 TOUCH 91 号色 ● 马克笔加深头发的暗部颜色，注意用笔的转折变化关系，再用 TOUCH 95 号色 ● 马克笔再一次加深头发暗部的颜色来增强头发的体积感，最后用黑色针管刻画头发发丝的表现。

Step 06 白色 T 恤的颜色表现比较简单，只需要画出明暗关系的变化即可。用 TOUCH BG3 号色 ● 马克笔画出白色 T 恤的暗部颜色，再用 TOUCH 45 号色 ●、28 号色 ●、24 号色 ● 以及 183 号色 ● 马克笔添加肩部拼接的颜色表现，完成 T 恤的上色。

Step 07 牛仔裤的质感主要在于牛仔面料肌理特征的表现。用 TOUCH 183 号色●马克笔画出牛仔裤的底色，然后用 TOUCH 183 号色●马克笔加深暗部颜色，然后用黑色针管笔竖向画出牛仔裤表现的肌理特征，最后用高光笔同样竖向画出牛仔裤的表现肌理特征。

Step 08 包包和鞋子属于配饰搭配，只要画出包包和鞋子的特点表现即可。用 TOUCH 42 号色●、35 号色●、120 号色●、76 号色●以及 WG0.5 号色●马克笔画出包包的颜色，用 TOUCH 42 号色●马克笔加深包包的暗部颜色，再用高光笔画出包包的高光。用 TOUCH WG0.5 号色●马克笔画出鞋子的固有色，再用黑色毛笔点缀鞋子的图案，完成鞋子的绘制。

7.1.3 针织衫

针织衫也属于百搭款式之一，春夏季节都适合搭配衣服。也根据不同的季节着装，针织衫可分为开衫和外穿针织衫。

| 91 | 140 | 26 | 31 | 76 | 62 | 33 | 143 | 50 | 100 |

Step 01 用铅笔绘制出模特的动态表现和服装的外轮廓，注意肩膀的摆动与腿部之间的前后关系。

Step 02 细致刻画出面部的五官表现，再画出整体的服装细节，注意裙子的底摆随走动而产生的前后交叉变化。

Step 03 用黑色毛笔覆盖铅笔的线稿，绘制衣服的线条时，注意由于服装堆褶而产生的虚实变化关系。

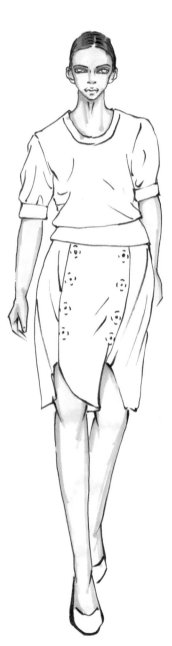

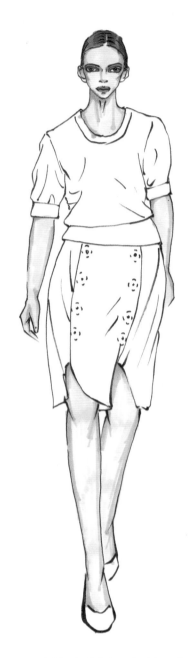

Step 04 用TOUCH 100号色●马克笔平铺头发的底色，再用TOUCH 26号色□马克笔平铺皮肤的底色。

Step 05 用TOUCH 91号色●马克笔画出头发的暗部颜色，再用TOUCH 140号色●马克笔画出皮肤的暗部，注意画暗部时要根据光源的变化绘制。

Step 06 绘制面部的妆容，先画出眼睛和嘴唇的固有色，再画出眼影的颜色，注意表现出眼窝和眼尾的暗部颜色。

Step 07 用 TOUCH 33 号色●马克笔
平铺毛衣的固有色，再用 TOUCH 143
号色●马克笔画出裙子的底色。

Step 09 用 TOUCH 50 号色●马克笔
画出鞋子的暗部颜色，用黑色勾线笔画
出毛笔的细节表现，最后用高光笔画出
毛衣、裙子以及鞋子的高光。

Step 08 用 TOUCH 31 号色●马克笔
画出毛衣的暗部颜色，注意用笔的转折
变化。用 TOUCH 76 号色●马克笔画
出裙子的暗部，再用 TOUCH 62 号色
●马克笔画出毛衣上面的字母颜色以及
裙子上面的装饰品的颜色。用 TOUCH
62 号色●马克笔平铺鞋子的底色。

7.1.4 纱裙

纱裙采用半透明的材质，是适合夏季的清爽着装。纱裙能带给人一种比较轻快的视觉感，是现在比较常见的时装款式。

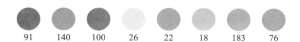

91　140　100　26　22　18　183　76

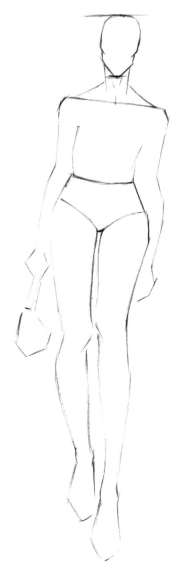

Step 01 用铅笔绘制出模特的动态表现，注意模特走动时的身体变化，再画出手提包的轮廓。

Step 02 细致刻画出面部五官和发型的表现，再画出整体服装的线条，注意纱裙堆积的褶皱线条变化。

Step 03 用黑色针管笔画出五官的轮廓表现，再用黑色毛笔虚实变化的画出纱裙的轮廓与手提包的线条。

Step 04 用 TOUCH 100 号色●马克
笔平铺头发的固有色,再用 TOUCH
26 号色●马克笔画出皮肤的底色。

Step 05 用 TOUCH 91 号色●马克笔
画出头发的暗部,注意明暗之间的变化,
再用 TOUCH 140 号色●马克笔画出
皮肤的暗部颜色,绘制皮肤暗部时注意
用笔的虚实变化表现。

Step 06 绘制面部妆容时,先画出眼睛、
嘴唇的固有色以及暗部的变化表现,然
后用 TOUCH 22 号色●马克笔画出眼
影的颜色,再用 TOUCH 18 号色●马
克笔表现出腮红的颜色。

Step 07 用 TOUCH 76 号色 ● 马克
笔画出纱裙的固有色，注意用笔的转折
变化。

Step 08 用 TOUCH 183 号色 ● 马克
笔画出纱裙褶皱位置的暗部颜色，然后
用 TOUCH 183 号色 ● 马克笔再一次
加深暗部颜色，能够增加服装的层次感。

Step 09 用 TOUCH G120 号色 ● 与
TOUCH WG75 号色 ● 马克笔画出手
提包和鞋子的固有色，再用黑色针管笔
装饰手提包与鞋子的细节表现，最后用
高光笔画出纱裙、包包与鞋子的高光。

7.1.5　连衣裙

连衣裙是裙子款式里面最优雅的一种，更能增加女性的优雅气质。连衣裙的款式极其丰富，在造型表现上也是风格多异。

| 91 | 140 | 100 | 26 | CG6 | 120 |

Step 01 用铅笔画出模特着装的轮廓，注意模特走动时裙摆的前后关系变化。

Step 02 先画出面部五官的细节及发型的表现，画出整体服装细节的变化，注意服装内部的褶皱线条表现，最后画出手提包和鞋子的轮廓。

Step 03 用棕色针管笔画出人体的轮廓，再用黑色毛笔画出五官、发型以及服装的轮廓，注意裙摆飘逸的线条表现与褶皱线条的虚实变化。

Step 04 用 TOUCH 100 号色●马克
笔画出头发的固有色，再用 TOUCH
26 号色●马克笔画出皮肤的底色。

Step 06 先画出眼睛和嘴唇的固有色，
鼻子的表现一般比较简单，画出明暗变
化就可以，再画出眼部妆容及面部腮红
的颜色，完成整体妆容的表现。

Step 05 根据光源的变化，画出头发
和皮肤的暗部颜色。用 TOUCH 91
号色 ●马克笔画出头发的暗部，再用
TOUCH 140 号色●马克笔画出皮肤的
暗部。

Step 07 用 TOUCH CG2 号色●马克
笔平铺连衣裙和手拿包的固有色，连衣
裙的亮部可以直接留白，再用 TOUCH
120 号色●马克笔画出鞋子的固有色。

Step 08 用 TOUCH CG6 号色●马克
笔画出连衣裙的暗部颜色，再一次加深
连衣裙的暗部颜色，可以丰富画面的层
次感。画出手拿包的暗部颜色表现。

Step 09 用黑色针管笔画出连衣裙内部
的装饰线条及手拿包的细节，再用高光
笔画出头发、连衣裙以及手拿包的高光。

7.1.6 短裙

短裙是最常见的一款服装，一年四季都适合搭配，最能表现出女性的可爱和率真。

98	140	95	26	183	WG2	143	CG0.5

Step 01 用铅笔先画出头部的形状，再画出人体的动态变化表现，最后画出服装的轮廓。

Step 02 用铅笔细致刻画出面部五官的轮廓与发型的走向，再画出整体服装的细节变化，注意短裙的褶皱线条表现。

Step 03 用黑色针管笔描绘人体轮廓与五官的线条，再用黑色毛笔画出头发和服装的线条。

Step 04 用 TOUCH 95 号色●马克笔平铺头发的固有色，再用 TOUCH 26 号色◐马克笔画出皮肤的底色。

Step 05 用 TOUCH 98 号色●马克笔加深头发的暗部颜色，再用 TOUCH 140 号色◐马克笔画出皮肤的暗部颜色。

Step 06 画出模特的面部妆容表现，先画出眼睛和嘴唇的固有色，再画出眼部位置与面部的妆容颜色。

Step 07 用 TOUCH 143 号色 ● 马克笔平铺上衣的底色，再用 TOUCH WG0.5 号色 ● 马克笔画出短裙的固有色，亮部位置直接留白。

Step 08 加深服装的暗部颜色，能够增加整体画面的层次感。用 TOUCH 183 号色 ● 马克笔加深上衣的暗部颜色，再用 TOUCH WG2 号色 ● 马克笔画出短裙的褶皱位置的颜色。

Step 09 用黑色毛笔画出上衣的细节与凉鞋的表现，再用高光笔画出整体服装的高光表现。

7.1.7　鱼尾裙

鱼尾裙是一款体现浪漫气质的裙子。鱼尾裙的造型能够更加表现女性的优雅与气质。

91　140　100　26　34　31　183

Step 01 用铅笔画出头部的轮廓，再画出人体动态的表现，最后画出鱼尾裙与手提包的轮廓。

Step 02 用铅笔细致刻画出面部五官的细节及发型的表现，再画出鱼尾裙的整体细节变化，注意裙子内部的图案细节处理，最后勾勒出包与鞋子的轮廓。

Step 03 用黑色针管笔画出五官的细节表现，再用黑色毛笔画出鱼尾裙的线条变化。

Step 04 用 TOUCH 100 号色●马克笔画出头发的固有色，再用 TOUCH 26 号色●马克笔画出皮肤的底色。

Step 05 用 TOUCH 91 号色●马克笔加深头发的暗部颜色，再用 TOUCH 140 号色●马克笔加深皮肤的暗部颜色。

Step 06 画出面部的妆容表现，先画出眼睛和嘴唇的固有色，鼻子的表现简单画出明暗变化就可以，再画出眼部和腮红的颜色。

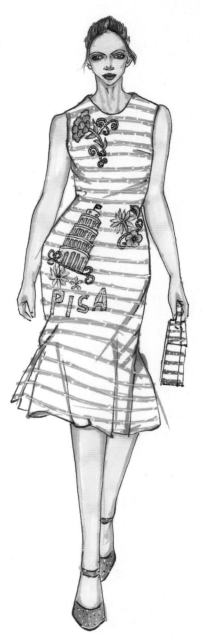

Step 07 画出鱼尾裙内部的细节颜色，
注意图案的颜色变化处理。

Step 08 用 TOUCH 34 号色●马克笔
画出裙子的固有颜色，注意裙摆处的转
折变化表现。

Step 09 用 TOUCH 31 号色●马克笔
加深连衣裙的暗部颜色，并且平铺鞋子
的固有色，再用 TOUCH 183 号色●
马克笔画出手提包的颜色，最后用高光
笔点缀裙子与鞋子的细节。

7.1.8 蛋糕裙

蛋糕裙，顾名思义就是指裙摆叠加的连衣裙。蛋糕裙是在基本款连衣裙上演变过来的另一种裙式款式。

| 91 | 140 | 100 | 26 | 183 | 76 | 71 | 12 | 120 |

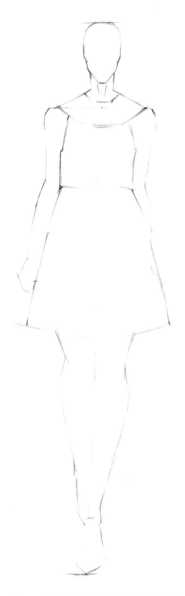

Step 01 先用铅笔画出头部的轮廓，再画出人体的动态与服装的外轮廓。

Step 02 用铅笔细致刻画出面部五官的线条和发型表现，再画出裙子的整体线条表现。

Step 03 用黑色针管笔画出五官的线条表现，再用黑色毛笔画出头发与裙子的轮廓，注意用笔的虚实变化。

Step 04 用 TOUCH 100 号色●马克
笔平铺头发的固有色，再用 TOUCH
26 号色●马克笔画出皮肤的底色。

Step 06 画出眼睛和嘴唇的固有色，再
画出眼影和腮红的颜色。

Step 05 用 TOUCH 91 号色●马克笔
加深头发的暗部颜色，再用 TOUCH
140 号色●马克笔加深皮肤的暗部颜色。

Step 07 用 TOUCH 12 号色●马克笔
画出领围的颜色，再用 TOUCH 76 号
色●马克笔平铺裙子的底色，亮部直接
采用留白的处理方法。

Step 08 用 TOUCH 183 号色 ● 马
克笔画出裙子暗部的颜色，然后用
TOUCH 71 号色●马克笔再一次加深
褶皱处的暗部颜色，丰富裙子的层次感。

Step 09 用 TOUCH 120 号色●马克
笔画出鞋子的固有色，再用高光笔画出
头发的高光位置与蛋糕裙的高光。

7.1.9 热裤

热裤是一种适合夏季着装的短裤，款式比较简单，属于休闲、百搭的款式。

| 91 | 140 | 100 | 26 | 12 | 183 | 71 | CG0.5 | WG2 | 21 | 143 |

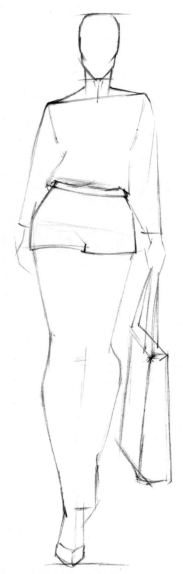

Step 01 用铅笔画出头部的轮廓，再画出动态表现，最后画出服装的外轮廓线条及手提包的轮廓。

Step 02 细致刻画出面部五官的细节和发型的变化，再画出整体服装的内部细节线条和鞋子的轮廓。

Step 03 用黑色针管笔画出五官的线条，再用黑色毛笔画出头发和服装的整体线条，注意衣服内部的褶皱表现。

Step 04 用 TOUCH 100 号色●马克笔平铺头发的固有色，再用 TOUCH 26 号色●马克笔画出皮肤的底色。

Step 06 画出面部的妆容表现，先画出眼睛和嘴唇的固有色，鼻子的表现简单画出明暗变化就可以，然后画出眼部及腮红的颜色。

Step 05 用 TOUCH 91 号色●马克笔加深头发的暗部颜色，再用 TOUCH 140 号色●马克笔加深皮肤的暗部颜色。

Step 07 用 TOUCH 12 号色●马克笔
画出上衣的细节颜色，再用 TOUCH
183 号色●马克笔出上衣的固有色。
用 TOUCH WG0.5 号色●马克笔画出
短裤的颜色，亮部位置直接留白处理。
最后用 TOUCH 23 号色●马克笔画出
腰带的固有色。

Step 08 用 TOUCH 71 号色●马克笔
加深上衣的暗部颜色，再用 TOUCH
WG2 号色●马克笔加深短裤的暗部
颜色，最后用 TOUCH 21 号色●和
TOUCH 143 号色●马克笔画出鞋子和
包包的固有色。

Step 09 用黑色针管笔勾勒出毛衣的细
节线条，再用高光笔画出头发和衣服的
高光。

7.1.10 休闲裤

休闲裤是女裤中最常见的一种裤型，非常百搭，多为上班女性穿着。

98　140　95　26　120　71　CG2　CG4　21　CG8

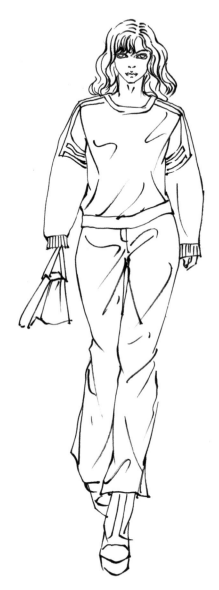

Step 01 先画出头部的轮廓，再画出人体着装的外轮廓，注意动态产生时裤子的前后关系变化。

Step 02 先画出发型的线条，再细致刻画出五官，最后画出整体服装和包包、鞋子的轮廓。

Step 03 用黑色针管笔勾勒出五官的轮廓，再用黑色毛笔描绘发丝的表现和整体服装的轮廓。

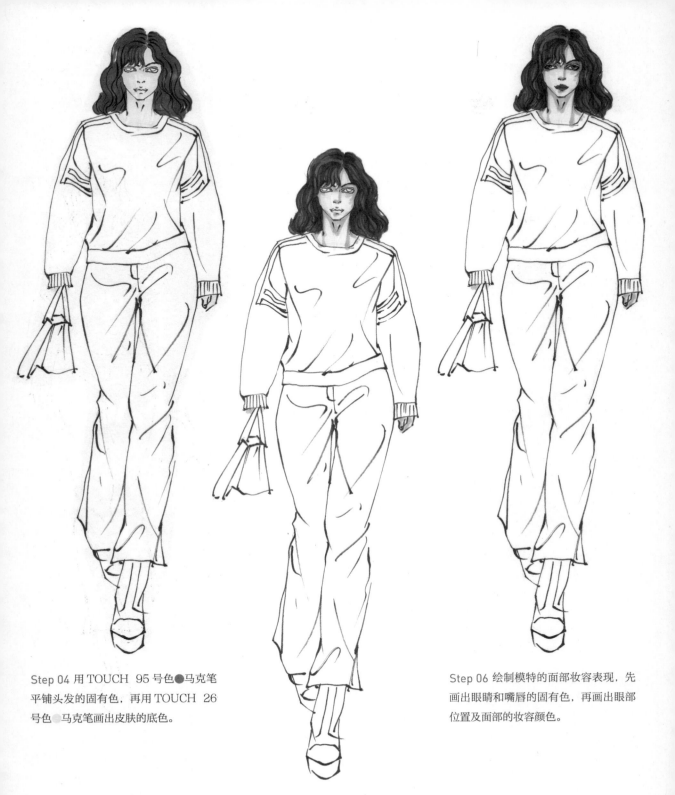

Step 04 用 TOUCH 95 号色●马克笔
平铺头发的固有色，再用 TOUCH 26
号色●马克笔画出皮肤的底色。

Step 05 用 TOUCH 98 号色●马克笔
加深头发的暗部颜色，再用 TOUCH
140 号色●马克笔画出皮肤的暗部颜色。

Step 06 绘制模特的面部妆容表现，先
画出眼睛和嘴唇的固有色，再画出眼部
位置及面部的妆容颜色。

Step 07 用 TOUCH 120 号色●和 TOUCH 71 号色●马克笔画出毛衣的固有色，再用 TOUCH CG2 号色●马克笔平铺裤子的底色。

Step 08 用 TOUCH 71 号色●马克笔加深毛衣的暗部颜色，然后用 TOUCH CG4 号色●马克笔加深裤子的暗部颜色。用 TOUCH 21 号色●和 TOUCH CG8 号色●马克笔平铺包包与鞋子的底色，再用黑色针管笔画出毛衣与裤子的细节。

Step 09 用 TOUCH 120 号色●马克笔加深鞋子的暗部颜色，再用高光笔画出头发和服装的高光。

7.1.11　牛仔外套

牛仔外套的整体外部造型相对简单，既百搭又简洁。

98	140	95	26	31	18	76	183	71	WG2

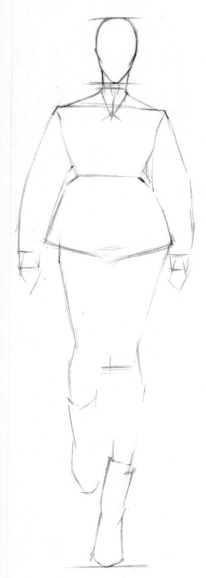

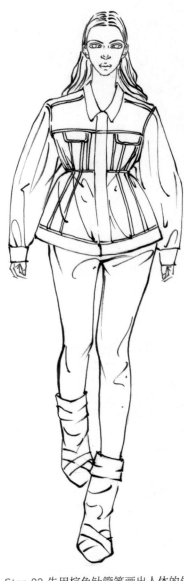

Step 01 画出人体的动态表现，在此基础上画出服装的外轮廓，注意腿部的前后关系变化。

Step 02 用铅笔细致刻画出整体的轮廓，注意发丝的走向，五官要细致处理。

Step 03 先用棕色针管笔画出人体的外轮廓，再用黑色毛笔画出整体服装和头发的轮廓。

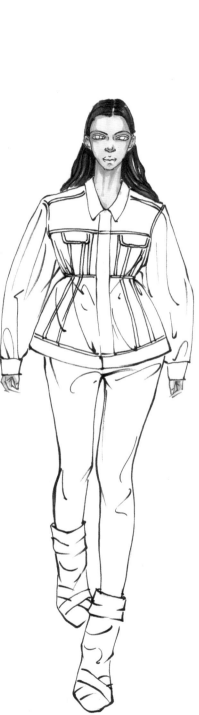

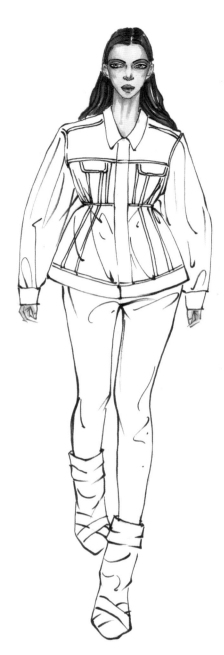

Step 04 用 TOUCH 95 号色●马克笔平铺头发的固有色，再用 TOUCH 26 号色●马克笔画出皮肤的底色。

Step 05 用 TOUCH 98 号色●马克笔加深头发的暗部颜色，再用 TOUCH 140 号色●马克笔画出皮肤的暗部颜色。

Step 06 面部妆容的表现，先画出眼睛和嘴唇的固有颜色，然后用 TOUCH 31 号色马●克笔画出眼影的颜色，再用 TOUCH 18 号色●马克笔画出腮红的颜色。

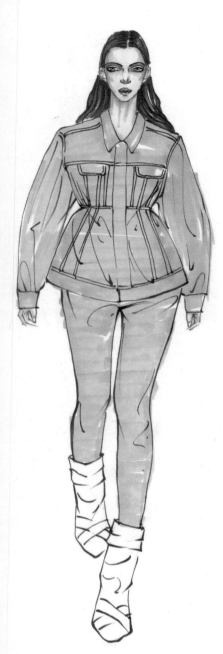

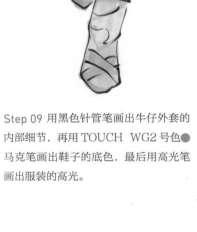

Step 07 用 TOUCH 76 号色●马克笔
平铺服装的底色，注意用笔的表现。

Step 09 用黑色针管笔画出牛仔外套的
内部细节，再用 TOUCH WG2 号色●
马克笔画出鞋子的底色，最后用高光笔
画出服装的高光。

Step 08 用 TOUCH 183 号色●马克笔
画出衣服的暗部颜色，然后用 TOUCH
71 号色●马克笔再一次加深暗部颜色，
丰富画面的层次感。

7.1.12 风衣

风衣的款式都比较简洁，在所有的外套里面，风衣的舒适度最高。

| 100 | 26 | 91 | 140 | 12 | 71 | 69 | 5 | 31 | 120 |

Step 01 用铅笔画出人体着装的外轮廓线条，注意腿部的前后关系变化。

Step 02 细致刻画出面部五官及发丝的走向，再勾勒出整体的服装轮廓线条和斜挎包的线条。

Step 03 用黑色针管笔勾勒出五官的线条，再用黑色毛笔画出整体服装的轮廓与发丝、斜挎包、鞋子的线条表现。

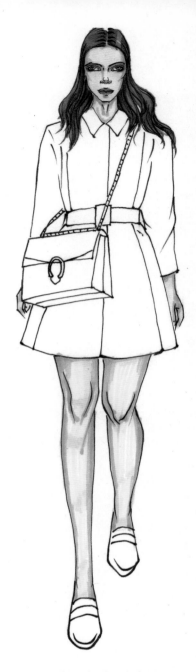

Step 04 用 TOUCH 100 号色●马克
笔画出头发的固有色，再用 TOUCH
26 号色●马克笔画出皮肤的底色。

Step 05 根据光源的变化，画出头发
和皮肤的暗部颜色。用 TOUCH 91
号色●马克笔画出头发的暗部，再用
TOUCH 140 号色●马克笔添加皮肤的
暗部颜色。

Step 06 先画出眼睛和嘴唇的固有色，
鼻子的表现一般比较简单，画出明暗变
化就可以，再画出眼部妆容和面部腮红
的颜色，完成整体妆容的表现。

Step 07 用 TOUCH 12 号色●和 TOUCH 71 号色●马克笔画出风衣和包的固有色。

Step 09 用黑色针管笔画出风衣的内部细节和鞋子细节，再用高光笔画出头发、风衣，以及斜挎包的高光。

Step 08 用 TOUCH 69 号色●和 TOUCH 5 号色●马克笔加深风衣和包的暗部颜色，再用 TOUCH 31 号色●和 TOUCH 120 号色●马克笔画出鞋子的底色。

7.1.13 斗篷外套

斗篷外套的装饰性很强，具有防寒的特点，是秋冬季较常出现的一种款式。

| | | | | | | | | | | | | |
|100|26|91|140|12|71|69|5|31|120|1|134|CG2|

Step 01 先画出头部的外轮廓，再画出斗篷的轮廓。

Step 02 细致刻画面部五官和头发的表现，再画出整体的斗篷细节及腿部的线条。

Step 03 用黑色针管笔画出五官的线条，再用黑色毛笔画出发丝的细节与整体服装的线条表现。

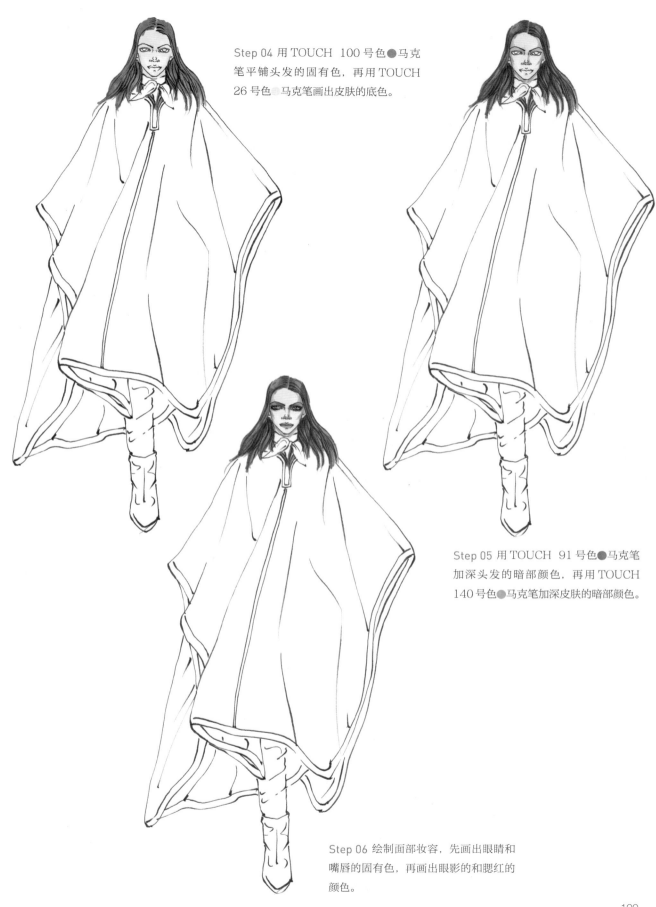

Step 04 用 TOUCH 100 号色●马克笔平铺头发的固有色，再用 TOUCH 26 号色■马克笔画出皮肤的底色。

Step 05 用 TOUCH 91 号色●马克笔加深头发的暗部颜色，再用 TOUCH 140 号色●马克笔加深皮肤的暗部颜色。

Step 06 绘制面部妆容，先画出眼睛和嘴唇的固有色，再画出眼影的和腮红的颜色。

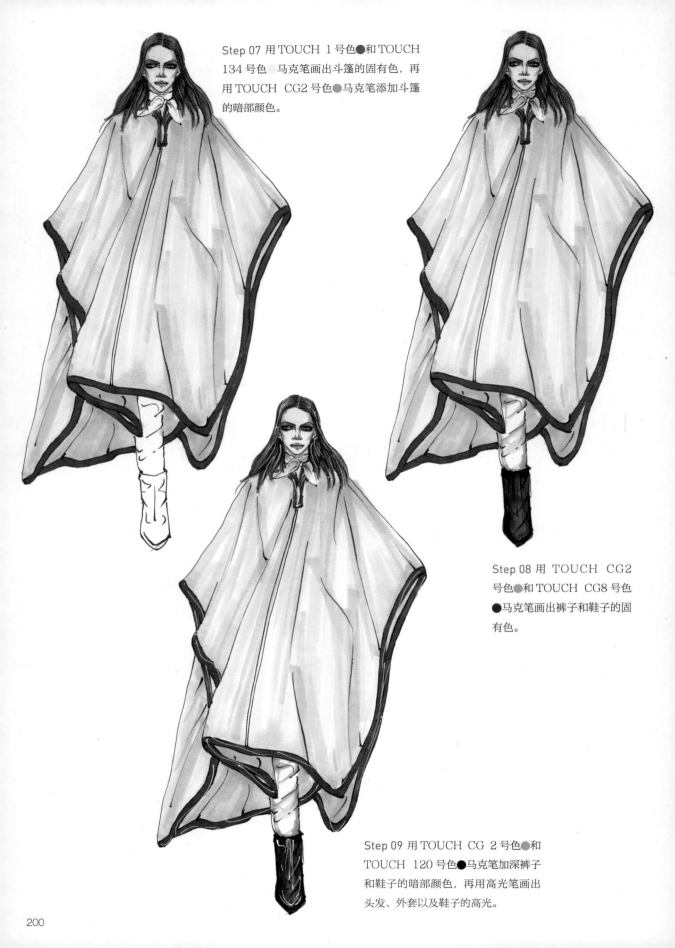

Step 07 用 TOUCH 1 号色●和 TOUCH 134 号色●马克笔画出斗篷的固有色，再用 TOUCH CG2 号色●马克笔添加斗篷的暗部颜色。

Step 08 用 TOUCH CG2 号色●和 TOUCH CG8 号色●马克笔画出裤子和鞋子的固有色。

Step 09 用 TOUCH CG 2 号色●和 TOUCH 120 号色●马克笔加深裤子和鞋子的暗部颜色，再用高光笔画出头发、外套以及鞋子的高光。

7.1.14　皮草大衣

皮草外套的款式较单一，色彩丰富鲜艳。皮草外套是适合冬季的着装款式，具有保暖的效果。

| 95 | 26 | 98 | 31 | 18 | 140 | CG0.5 | 7 | 12 | CG2 | 5 |

Step 01 用铅笔勾勒出头部的轮廓，再画出整体服装的外轮廓。

Step 02 细致刻画出五官和头发的表现，再画出衣服内部的细节线条与裙摆的飘逸感。

Step 03 用黑色针管笔勾勒五官的线条，再用黑色毛笔画出头发与服装的线条表现。

Step 04 用TOUCH 95号色●马克笔
平铺头发的固有色，再用TOUCH 26
号色●马克笔画出皮肤的底色。

Step 06 面部妆容的表现，先画出眼睛
和嘴唇的固有颜色，然后用TOUCH
31号色●马克笔画出眼影的颜色，再用
TOUCH 18号色●马克笔画出腮红的
颜色。

Step 05 用TOUCH 98号色●马克笔
加深头发的暗部颜色，再用TOUCH
140号色●马克笔画出皮肤的暗部颜色。

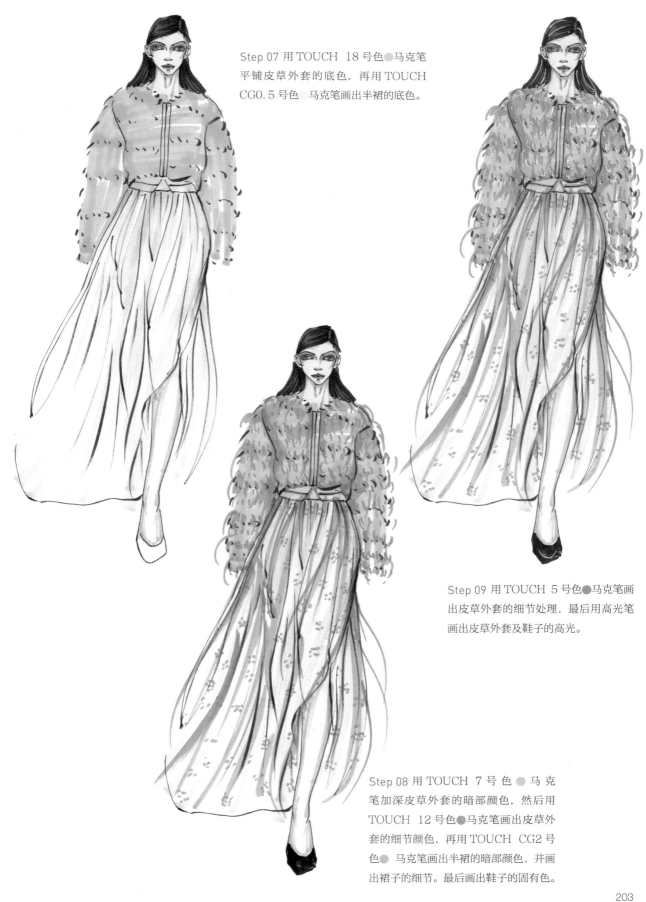

Step 07 用 TOUCH 18号色●马克笔平铺皮草外套的底色，再用 TOUCH CG0.5号色●马克笔画出半裙的底色。

Step 09 用 TOUCH 5号色●马克笔画出皮草外套的细节处理，最后用高光笔画出皮草外套及鞋子的高光。

Step 08 用 TOUCH 7号色●马克笔加深皮草外套的暗部颜色，然后用 TOUCH 12号色●马克笔画出皮草外套的细节颜色，再用 TOUCH CG2号色●马克笔画出半裙的暗部颜色，并画出裙子的细节。最后画出鞋子的固有色。

7.1.15 晚礼服

晚礼服是特指参加宴会活动的服装，整体更加华丽优雅。晚礼服的造型多以长裙为样式。

Step 01 用铅笔画出头部的轮廓线条，再画出肩部动态的表现，最后画出礼服裙的外轮廓，注意裙摆位置的前后关系变化。

Step 02 细致刻画五官的细节，画出头发的走向，再画出礼服裙内部的褶皱线条表现，注意裙摆处飘逸感的体现。

Step 03 用黑色针管笔画出五官的线条，再用黑色毛笔画出头发发丝的表现及整体服装的线条处理。

Step 04 用 TOUCH 26 号色●马克笔平铺皮肤的底色，再用 TOUCH 95 号色●马克笔平铺头发的固有色。

Step 05 用 TOUCH 98 号色●马克笔加深头发的暗部颜色，注意用笔的转折变化，再用 TOUCH 140 号色●马克笔画出皮肤的暗部颜色。

Step 06 用 TOUCH 143 号色●马克笔和 TOUCH 145 号色●马克笔画出礼服裙的底色，注意裙子的转折处理。

Step 07 用 TOUCH 76 号色
●马克笔和 TOUCH 75 号色
●马克笔加深裙子的暗部颜色，
再用 TOUCH 183 号色●马克
笔画出裙摆飘逸的线条表现。

Step 08 面部妆容的表现，
先画好眼睛和嘴唇的固有
色，再用 TOUCH 31 号色
●马克笔画出眼影的颜色，
最后用高光笔画出头发与嘴
唇的高光位置。

男装相对于女装来说款式比较单一,但颜色和细节都比较丰富,主要分为休闲装和正式装。

7.2.1   印花 T 恤

印花 T 恤是 T 恤中常见的一种款式,经常搭配短裤等服装。印花 T 恤的图案比较丰富,在男装的表现中,印花 T 恤是出现较多的服装款式。

| 29 | 100 | 25 | 69 | 140 | CG2 | 143 | 76 | 183 | 120 |

Step 01 用铅笔画出人体的动态表现及服装的外轮廓。

Step 02 细致刻画人物面部表情,再画出 T 恤内部的细节线条及鞋子的轮廓。

Step 03 用黑色针管笔画出头发及五官的轮廓,再用黑色毛笔勾勒整体服装和鞋子的线条。

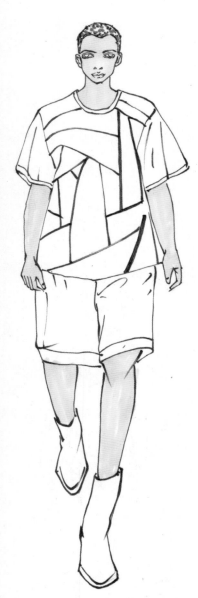

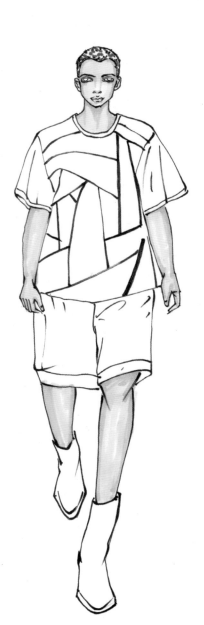

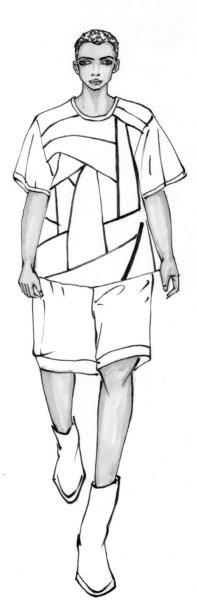

Step 04 用 TOUCH 100 号色●马克
笔点缀头发的表现，再用 TOUCH 29
号色 马克笔平铺皮肤的底色。

Step 06 用 TOUCH 76 号 色 ●
和 TOUCH 69 号色●马克笔画出
眼睛的颜色 ，再用 TOUCH 140
号色●马克笔画出嘴唇的颜色。

Step 05 用 TOUCH 25 号色●马克笔
加深皮肤的暗部颜色，注意用笔的转折
变化。

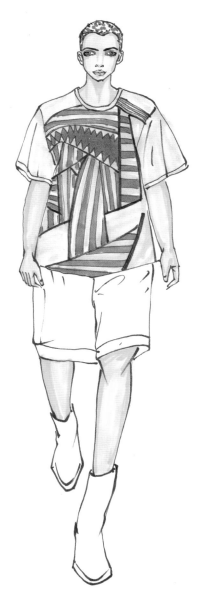

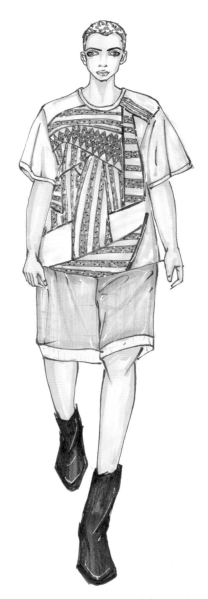

Step 07 用 TOUCH CG2 号色●马克笔画出 T 恤的底色，再用 TOUCH 140 号色●马克笔画出衣服印花的颜色。

Step 08 用 TOUCH 76 号色●马克笔和 TOUCH 143 号色●马克笔添加短裤的底色，再用 TOUCH 183 号色●马克笔加深短裤的暗部颜色。

Step 09 用 TOUCH 120 号色●马克笔画出鞋子的固有色，再用高光笔画出 T 恤、裤子以及鞋子的高光。

7.2.2 衬衫

男士衬衫是男士服装中最百搭的一款上衣，不管是休闲衬衫还是正装衬衫，都是男装中经常出现的款式。

Step 01 用铅笔勾勒出人体的动态、服装的外轮廓以及公文包的线条，注意腿部的前后关系变化。

Step 02 细致刻画面部五官与头发的表现，再画出整体的服装细节表现。

Step 03 用黑色针管笔画出头发与五官的轮廓，再用黑色毛笔画出整体服装和鞋子、公文包的线条。

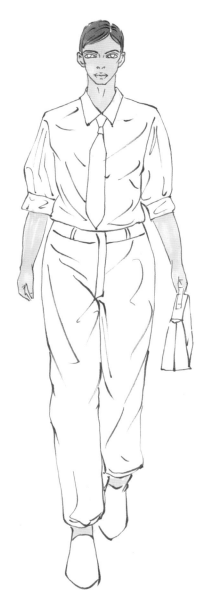

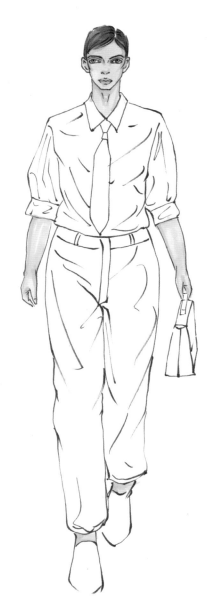

Step 04 用 TOUCH 100 号色●马克笔平铺头发的固有色，再用 TOUCH 29 号色 马克笔平铺皮肤的底色。

Step 06 用 TOUCH 76 号色●马克笔画出眼睛的颜色，再用黑色毛笔画出眼珠的颜色，最后用 TOUCH 18 号色●马克笔画出嘴唇的固有色。

Step 05 用 TOUCH 91 号色●马克笔加深头发的暗部颜色，再用 TOUCH 25 号色●马克笔加深皮肤的暗部颜色表现。

Step 07 用 TOUCH 5 号色●马克笔
画出领带固有色，然后用 TOUCH 91
号色●马克笔画出衬衫的固有色，再用
TOUCH 92 号色●马克笔加深衬衫的
暗部颜色。

Step 08 用 TOUCH 70 号色●马克笔
画出裤子的固有色，再用 TOUCH 72
号色●马克笔加深裤子的暗部颜色。

Step 09 用 TOUCH 12 号色●马克笔
和 TOUCH 120 号色●马克笔画出公
文包与鞋子的固有色，再用高光笔画出
衣服和鞋子的高光。

7.2.3　毛衣

男士毛衣多为圆领口，款式简洁，适合秋冬季节的服装搭配。

| 100 | 29 | 91 | 25 | 76 | 18 | 24 | 62 | 50 | CG6 | CG8 | 120 |

Step 01 用铅笔画出人体的动态表现及服装的外轮廓。

Step 02 细致刻画面部五官与头发的表现，再画出整体的服装细节表现。

Step 03 用黑色针管笔画出头发和五官的轮廓，再用黑色毛笔勾勒整体服装和鞋子的线条。

Step 04 用 TOUCH 100 号色●马克笔平铺头发的固有色，再用 TOUCH 29 号色 马克笔平铺皮肤的底色。

Step 05 用 TOUCH 91 号色●马克笔加深头发的暗部颜色，再用 TOUCH 25 号色 马克笔强调皮肤的暗部颜色表现。

Step 06 用 TOUCH 76 号色●马克笔画出眼睛的颜色，再用黑色毛笔画出眼珠的颜色，最后用 TOUCH 18 号色 ●马克笔画出嘴唇的固有色。

Step 07 用 TOUCH 24 号色●马克笔
和 TOUCH 62 号色●马克笔画出毛衣
的固有色，然后用 TOUCH 50 号色
●马克笔加深毛衣的暗部颜色，再用黑
色针管笔画出毛衣的细节表现。

Step 08 用 TOUCH CG6 号色●马克
笔平铺裤子的底色，再用 TOUCH CG8
号色●马克笔加深裤子的暗部颜色。

Step 09 用 TOUCH 120 号色●马克
笔画出鞋子的固有色，最后用高光笔画
出衣服与鞋子的高光。

7.2.4 夹克

男士夹克是由飞行服改变而来，具有衣身较短，袖子比较肥大的特点。夹克外套也属于休闲服装。

| 29 | 95 | 98 | 25 | 21 | 140 | 41 | 42 | 62 | 50 | 31 | 71 | 69 |

Step 01 用铅笔勾勒出人体的动态、服装的外轮廓以及围巾轮廓，注意腿部的前后关系变化。

Step 02 细致刻画面部五官与头发的表现，再画出整体的服装细节表现。

Step 03 用黑色针管笔画出头发及五官的轮廓，再用黑色毛笔勾画整体服装和鞋子、围巾的线条。

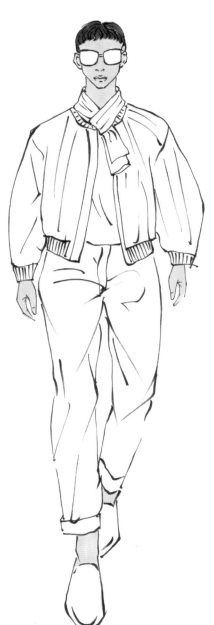

Step 04 用 TOUCH 29 号色　马克笔
平铺皮肤的底色，再用 TOUCH 95 号
色●马克笔平铺头发的固有色。

Step 05 用 TOUCH 98 号色●马克笔
加深头发的暗部颜色，注意用笔的转折
变化，再用 TOUCH 25 号色●马克笔
画出皮肤的暗部颜色。

Step 06 用 TOUCH 21 号色●马克笔
画出眼镜的固有色。再用 TOUCH 140
号色●马克笔画出嘴唇的颜色。

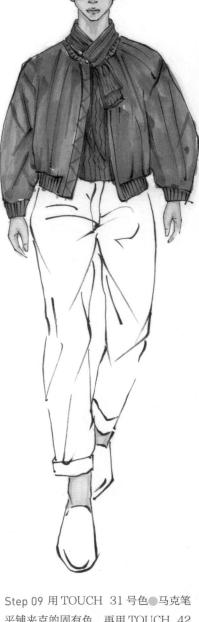

Step 07 用 TOUCH 41 号色●马克笔
画出围巾的固有色，再用 TOUCH 42
号色●马克笔添加围巾的暗部颜色。

Step 08 用 TOUCH 62 号色●马克笔
画出毛衣的底色，再用 TOUCH 50 号
色●马克笔加深毛衣的暗部颜色，最后
用黑色勾线笔画出毛衣的细节。

Step 09 用 TOUCH 31 号色●马克笔
平铺夹克的固有色，再用 TOUCH 42
号色●马克笔加深夹克的暗部颜色以及
袖口、下摆的颜色。

Step 10 用 TOUCH 71 号色●马克笔
平铺裤子的底色，再用 TOUCH 69 号
色●马克笔加深裤子的暗部颜色，注意
用笔的转折表现。

Step 11 用黑色针管笔勾画夹克和裤子
的内部细节，再画出鞋子的固有色，最
后用高光笔画出夹克和裤子的高光。

7.2.5 休闲短裤

男士休闲短裤款式单一，颜色比较丰富，通常比较适合春夏季节穿着。

Step 01 用铅笔画出人体的动态表现及服装的外轮廓。

Step 02 细致刻画面面部五官及头发的表现，再画出整体的服装细节表现。

Step 03 用黑色针管笔画出头发与五官的轮廓，再用黑色毛笔画出整体服装和鞋子的线条。

Step 04 用 TOUCH 100 号色●和 TOUCH 91 号色●马克笔表现明暗变化，用 TOUCH 29 号色 和 TOUCH 25 号色 马克笔画出皮肤的明暗颜色表现。

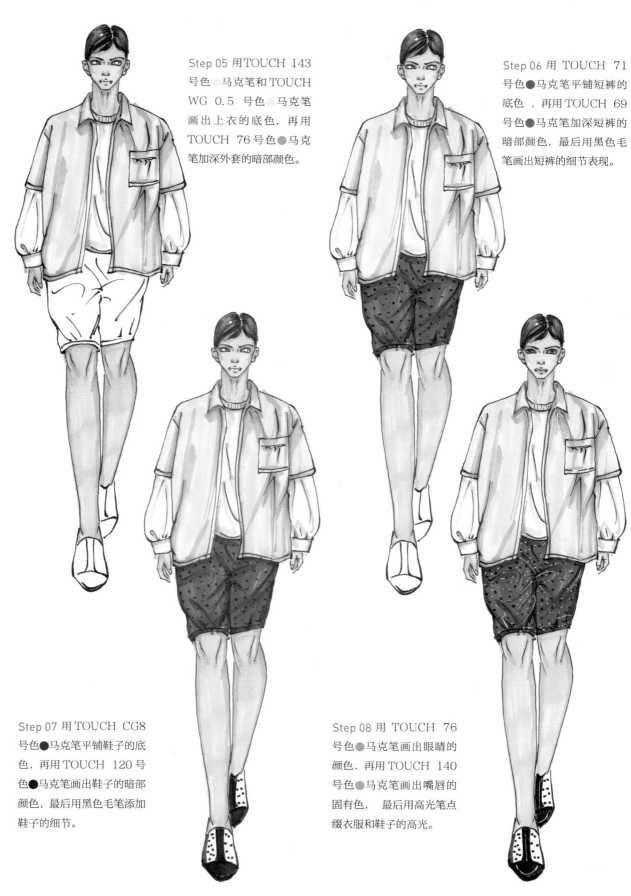

Step 05 用 TOUCH 143 号色●马克笔和 TOUCH WG 0.5 号色●马克笔画出上衣的底色，再用 TOUCH 76 号色●马克笔加深外套的暗部颜色。

Step 06 用 TOUCH 71 号色●马克笔平铺短裤的底色，再用 TOUCH 69 号色●马克笔加深短裤的暗部颜色，最后用黑色毛笔画出短裤的细节表现。

Step 07 用 TOUCH CG8 号色●马克笔平铺鞋子的底色，再用 TOUCH 120 号色●马克笔画出鞋子的暗部颜色，最后用黑色毛笔添加鞋子的细节。

Step 08 用 TOUCH 76 号色●马克笔画出眼睛的颜色，再用 TOUCH 140 号色●马克笔画出嘴唇的固有色，最后用高光笔点缀衣服和鞋子的高光。

7.2.6　皮衣

男士皮衣的颜色注意以深色为主。皮衣的保暖性较好，适合秋冬季节穿着。

| 100 | 91 | 29 | 25 | 76 | 69 | CG8 | 120 | WG4 | WG6 | 18 |

Step 01 用铅笔勾勒出人体的动态及服装的外轮廓，注意腿部的前后关系变化。

Step 02 细致刻画面部五官及头发的表现，再画出整体的服装细节表现。

Step 03 用黑色针管笔画出头发与五官的轮廓，再用黑色毛笔画出整体服装和鞋子的线条。

Step 04 用 TOUCH 100 号色●马克笔平铺头发的固有色，再用 TOUCH 29 号色 马克笔平铺皮肤的底色。

Step 05 用 TOUCH 91 号色●马克笔加深头发的暗部颜色，再用 TOUCH 25 号色●马克笔强调皮肤的暗部颜色表现。

Step 06 用 TOUCH 76 号色●马克笔平铺毛衣的底色，再用 TOUCH 69 号色●马克笔画出毛衣的暗部颜色，最后用黑色针管笔勾画毛衣的细节。

Step 07 用 TOUCH CG8 号色 ● 马克笔平铺皮衣的底色。

Step 08 用 TOUCH 120 号色 ● 马克笔添加皮衣的暗部颜色，再用黑色彩铅继续加深皮衣的暗部颜色，增加皮衣的层次感。

Step 09 用 TOUCH WG4 号色 ● 马克笔平铺裤子的底色，然后用 TOUCH WG6 号色 ● 马克笔加深裤子的暗部颜色，注意转折变化。

Step 10 用 TOUCH CG 8 号色●马克笔画出鞋子的底色，再用 TOUCH 120 号色●马克笔加深鞋子的暗部颜色。

Step 11 用 TOUCH 76 号色●马克笔画出眼睛的颜色，用黑色毛笔画出眼珠的颜色，最后用 TOUCH 18 号色●马克笔画出嘴唇的固有色。

Step 12 用高光笔画出皮衣、裤子和鞋子的高光表现。

7.2.7 毛呢大衣

男士毛呢大衣的结构变化比较丰富，颜色主要以深色为主。男士毛呢大衣的造型表现力较强，保暖性能相对较好。

95　98　29　25　76　CG8　120　WG4　18　WG2　CG6

Step 01 用铅笔画出人体的动态表现及服装的外轮廓。注意两腿之间的前后关系变化。

Step 02 细致刻画面部五官及头发的表现，再画出整体的服装细节表现。

Step 03 用黑色针管笔画出头发及五官的轮廓，再用黑色毛笔描绘整体服装和鞋子的线条。

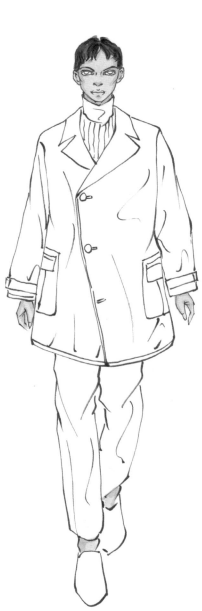

Step 04 用 TOUCH 29 号色 马克笔
平铺皮肤的底色，再用 TOUCH 95 号
色●马克笔平铺头发的固有色。

Step 06 用 TOUCH 76 号色●马克笔
画出眼睛的颜色，再用黑色毛笔画出眼
珠的颜色，最后用 TOUCH 18 号色
●马克笔画出嘴唇的固有色。

Step 05 用 TOUCH 98 号色●马克笔
加深头发的暗部颜色，注意用笔的转折
变化，再用 TOUCH 25 号色●马克笔
画出皮肤的暗部颜色。

Step 07 用 TOUCH CG8 号色●马克笔平铺毛衣的底色，然后用 TOUCH WG2 号色●马克笔平铺毛呢大衣的底色，再用 TOUCH WG4 号色●马克笔加深毛呢大衣的暗部颜色表现。

Step 09 用 TOUCH 120 号色●马克笔加深鞋子的暗部颜色，再用黑色针管笔刻画毛呢大衣内部的细节表现，最后用高光笔点缀毛呢大衣和裤子的高光。

Step 08 用 TOUCH CG6 号色● 和 TOUCH CG8 号色●马克笔画出裤子的明暗变化，再用 TOUCH CG8 号色●马克笔平铺鞋子的固有色。

第 8 章

时装风格赏析

根据不同的着装场合及服装的造型表现，服装风格可分为多种。

　　通勤装，是指在办公室和社交场合穿着比较合适的服装，多为职业女性的着装搭配。通勤装的特点主要是款式相对简洁，颜色的层次感相对较弱，给人的画面视觉感比较干练。

　　休闲装，俗称便装，是人们在无拘无束、自由自在的休闲生活中穿着的服装。休闲服装的面料材质相对比较舒服，款式都较为宽松。

　　淑女装的款式较时尚、简洁、大方，给人一种亲切的视觉感。淑女装的款式在造型上要注意用线条和色彩表现出简洁优雅的气质。

街头装偏向时尚、潮流，在服装款式上面是最流行的服装，整体搭配比较个性化。

学院装的清新搭配不仅甜美，还散发出女孩的青春活力，服装造型既不夸张，又显得品味十足。

度假装是时尚与休闲的结合，度假装的造型非常丰富，色彩非常靓丽，给人一种舒服、自在的画面视觉感。

宴会装是比较优雅、大方和正式的服装，多为礼服裙款式，更能表现女性的优雅美丽。